“十四五”时期国家重点出版物出版专项规划项目

中国城乡可持续建设文库

丛书主编　孟建民　李保峰

本书由国家重点研发计划“城镇可持续发展关键技术与装备”重点专项“城市高强度片区优化设计关键技术（2023YFC3807400）”、国家自然科学基金“面向人文性提升的城市高密度片区空间形态管控与设计优化（52408046）”联合资助

Humane Urban Design

Dual Perspective of Humanism and Spatial Sociology

人性城市设计

人文主义与空间社会学的双重视角

张颖异　著

中国 · 武汉

图书在版编目(CIP)数据

人性城市设计：人文主义与空间社会学的双重视角 / 张颖异著. -- 武汉：华中科技大学出版社, 2025. 2. --（中国城乡可持续建设文库）. -- ISBN 978-7-5772-1577-8

Ⅰ. TU984.2

中国国家版本馆 CIP 数据核字第 2025TJ6784 号

人性城市设计:人文主义与空间社会学的双重视角 张颖异 著

Renxing Chengshi Sheji:Renwen Zhuyi yu Kongjian Shehuixue de Shuangchong Shijiao

策划编辑: 简晓思

责任编辑: 叶向荣

封面设计: 王 娜

责任校对: 李 琴

责任监印: 朱 玢

出版发行: 华中科技大学出版社(中国·武汉) 电话:(027)81321913

武汉市东湖新技术开发区华工科技园 邮编:430223

录 排: 武汉正风天下文化发展有限公司

印 刷: 湖北金港彩印有限公司

开 本: 710mm×1000mm 1/16

印 张: 13

字 数: 255 千字

版 次: 2025 年 2 月第 1 版第 1 次印刷

定 价: 98.00 元

内容简介

人性城市不仅是学术概念，也是一种城市设计价值观。本书以人文主义与空间社会学的双重视角，阐述人性城市设计的理论基础、哲学思辨和当代内涵，探讨人文导向的城市空间形态营造方式和实践路径，展望数字时代人性城市的未来发展趋势，助力人民城市建设。本书可供广大城市规划师、建筑师、城市设计师、城市管理人员、城市设计爱好者等参考。

序 言

城市是一面镜子，反映着人们的生活方式、审美偏好和理想信仰，以及其背后蕴藏的社会结构与文化内涵。城市设计不仅关乎空间布局与功能划分，还涉及更高层次的人文需求——价值被尊重、信仰被接纳、文化被认同。当代城市设计的本质是为人、为赖以生存的土地和环境而创造。失败的城市设计导致了分裂的世界观，将建造视为一种商品，人为地割裂了原本相互依存的人与空间。或许工程技术不再是现在城市建设的主要制约因素，那么实体的堆叠应当超越单一的技术维度标准，更关切人与空间、人与社会的深刻联系和互动体验，使整体大于部分之和。

在当今的社会文化语境下，人们有更多维的精神需求，追求更高层次的价值和自我实现。城市设计关注土地和环境，也面向人的多层次需求，成为连接人与环境、过去与未来的桥梁。设计师将人文需求，无论是物质的、精神的，还是社会的，置于设计决策的中心。以人性化为导向的设计哲学，满足安全、舒适的生理需求，促进个体价值实现和群体文化进步。

城市空间的人文性体现在它不是一个“完型”，而是由空间使用个体和群体渐次塑造，反映出社会人群的特性。人们通过适应环境将城市变成自己的环境，城市来自现实生活的积累，而不是既成事实的强加。空间社会学认为，人越能影响空间环境，越乐于投入和关注，越有可能产生情感连接。城市空间应具备日常性，建立小规模环境和非正式秩序系统，避免大尺度几何图形的叠加。

空间为人而造，日常性设计令人感觉熟悉和亲切。邻里空间是人性城市的起点。作为情感与记忆的最初载体，邻里是初级社会关系与熟稔物质环境相融合的产物，远非简单的物质结构所能概括。邻里空间的设计应鼓励社会交往互动，通过人体尺度的空间布局与功能配置，提供足够的私密与共享场所，促进交流互助，减少现代生活中的孤独感和疏离感。街道与广场是城市物理空间的连接，也是情感交流与社会活动的主要发生地，在人性城市建设中扮演至关重要的角色。这些基于共同体验与情感联系的空间氛围，正是人性城市区别于机械化、冷漠化城市的关键。城市设计不应该是中立的，而应该把选择自己意图的权利交还给空间使用者，从中提取与使用者意图产生共鸣的空间形态。

城市从社会人群的实际使用而来。城市设计的最佳方式是观察人们如何使用城市，寻找城市的优势并加以强化。城市规划的科学性和城市设计的艺术性，应该成为城市空间形成的催化剂和养分。在小尺度上，居民追求个人日常生活的舒适便捷，生活空间在与居民日常行为的磨合中成就了特有的人文形态。在更大的尺度上，城市需要恒久的、共同的建筑遗产。这种差异将满足人们即时愿望的日常建筑和公共的、持久的特殊建筑区分开来。城市既存在不断变化的、鲜活的生活日常，也存在永恒的精神地标，使未来的人们重新发现城市的古老原则。

当人文主义成为城市设计的主要导向时，设计语言与审美视角也将发生改变，更加注重设计的情感价值，创造既实用又具有人文关怀的城市场景。人性城市设计支持下的城镇化，能够本原地反映人的现实需求，促进人的社会性成长。在这个过程中，人性城市设计成为推动社会进步和文明发展的重要力量。

《人性城市设计：人文主义与空间社会学的双重视角》一书，探索了人性城市的内涵、价值、建构方式和实践路径，展望了后人类时代的城市未来发展方向，具有理论性和前瞻性，给读者以启迪。

胡越
全国工程勘察设计大师
梁思成建筑奖获得者
北京建筑大学教授，博士生导师

前　言

“人民城市人民建，人民城市为人民”。我国城市进入高质量发展新阶段，城市开发建设方式也从粗放型外延式转向集约型内涵式。城市是人类聚居的主要空间形态，具有土地开发密集、空间功能复合、人群行为汇聚等特征，但城市的高效率易引起人文性的失落。日常活动场所的挤占、安全可达路径的缺失、封闭阻隔的视线、匆忙紧张的氛围，导致城市变成了冰冷的机器。城市是人的城市，人体基准是城市空间塑造的底线。城市发展不能以人文性缺失为代价，人文性这一古老命题在中国式现代化的城市建设中应被赋予新的含义。

人文主义之光已经辉映了三千年。从普罗泰戈拉的“人是万物的尺度”，到西塞罗的公共利益价值，从达·芬奇画下完美比例的维特鲁威人，到彼特拉克在十四行诗中寄托的人学信仰，从伏尔泰的“欧洲的良心”，到卢梭的自由和平等理想，人文主义重新定义了人类与世界的关系，建立起比神学秩序、科学秩序更广阔的人学秩序，肯定人存在的价值和自我实现的能力。在人文主义视野下，人是物质的存在，也是精神的存在，是身体、信仰、情感、道德、审美的总和。物质生活固然应该得到保障，而精神生活具有高于物质生活的价值，是人的高级天性使然，无法用功利标准来衡量。满足人们物质和精神生活需求，是人性城市的终极目标。

人性城市不仅是学术概念，还是一种城市设计价值观。崇尚人本的雅典卫城、世俗煊赫的罗马古城、文艺复兴的佛罗伦萨、拥抱自然的田园城市、高技高效的光辉城市……这些或理想或现实的追寻，记录着人们对城市人文性的深刻思辨。城市的文化本质和文化功能赋予人们充满价值与意义的生活方式。当代的人性城市研究，面向艺术与哲学，也面向物理空间与社会现实；面向细微的生活日常，也面向全人类的共同福祉。城市设计正从高效率同质化的空间塑造转向多样性的人文需求，从宏观规模增长转向日常活力营造。人性城市设计的核心价值在于满足人们对美好生活的向往，切实助力经济、社会、文化、生态的永续发展。

社会生产社会空间，社会空间也生产社会。列斐伏尔将空间引入社会研究，发展出空间社会学理论。城市不只是物质与功能的堆砌，也是精神空间和社会空间的物理依托。从这个意义上说，城市设计具有空间的实践、空间的再现、再现的空间三重属性。物质空间可触可感，建筑、道路、广场、公园等构成了城市存在的实体基础，反映了人类对世界的改造能力，是空间的实践。精神空间是思维中建构的空间概念，是对空间理解和构想的结果，由逻辑抽象和形式抽象而来，通过语言、符号等表达和传递，反映空间认知及其影响下的行为方式，是空间的再现。社会空间是社会活动过程中形成的空间形态，是物质空间与精神空间相互作用的产物，既包含物质的实体性，又包含精神的抽象性，是社会关系下人们对空间感知、想象和创造的结果，并反过来作用于社会关系，是再现的空间。人的生理、精神、社会三元空间需求能否通过城市的物理空间得到满足，是表征城市人文性的重要标准。

基于人文主义与空间社会学的双重视角，当代城市的人性化设计更为澄明——既关怀人作为个体的生理、精神和价值实现，也关怀人作为群体的情感、信仰和社会归属。本书内容涵盖溯源人文主义思想、人文主义城市生发、从主体性到空间社会学、当代城市的人文性思辨、需求导向的人性城市营造，以及人文性构筑城乡社会空间，基本按照从历史到现实、从国际到本土、从理论到实践的顺序展开。

溯源人文主义思想，重点梳理了自古希腊古典时代开始，到文艺复兴时期、启蒙运动时期、工业革命时期，直至21世纪的人文主义思想发展脉络；阐述了不同于唯物、唯神主义的“唯人”的人文主义世界观，以及其多样化的应用范式；对比了东西方人文主义的差异，崇尚骑士美德还是士大夫精神，强调个体价值还是社会人格，是东西方人文主义差异的内核。

人文主义城市生发，围绕人文主义影响下的城市营造展开论述。历史上西方城市建设的主导力量为神权、君权、人权往复更迭，城市的实体营造、经济发展、社会文化等也随之变化。神权统治没落、资本主义新生、科学技术进步等潮流，使城市建设经历了融合自然与人工干预复杂的相互制衡过程。

从主体性到空间社会学，基于“我思故我在”蕴含的、人作为思维主体的近代哲学研究，论述人文性与主体性的内涵，分析人文主义哲学在现代哲学主体性理论学派中的影响。通过对认识论与实践论的探讨，厘清人文性、空间社会学与主体性的内在关联，探索怎样的城市具备人文性，怎样的城市在客观上存在非人文性的缺陷。

当代城市的人文性思辨，讨论新城市主义思潮的人文性形态塑造观点，对比新城市主义、景观都市主义、环境保护主义等20世纪后期至21世纪的主要城市设计思想流派，分析基于形态谱系的城市设计理论、方法体系和技术工具，探讨空间形态塑造下的城市社会梯度。

需求导向的人性城市营造，归纳当代城市空间的人文需求，包括生理、精神、审美、情感、归属等多个层面。从健康的生态环境、富足的精神空间、美感的城乡形态、友好的人群社会等角度，提出人性城市设计的原则，建构实现城市人文性发展的方法逻辑。

人文性构筑城乡社会空间，从当前我国城市建设实际出发，选取典型的城市设计问题，如人性城市更新、适老化城乡社会、数字化城市社区、生态友好的城市形态、乡村公共空间的重塑等，提出参数模型、人工智能、数字孪生、人因技术等赋能城市设计的多种方式，探索人性城市社会空间的具体路径。

城市是多种功能土地的集合，多个形态空间的集合，多样人群活动的集合，兼具功能特征、形态特质和社会特性。城市设计自诞生之日起，就在探求空间更为人性化的可能。步入日新月异的现代社会，科技发展极大地丰富了物质和精神世界，琳琅满目的商品、安全舒适的居所、瞬息万变的信息获取方式，无不彰显着时代的进步。城市承载了密集的人口和多元的文明，应是体现人文关怀、蕴含人文温度的美好家园。在繁华背后，人们对于精神富足的追求，尤其是对人文关怀的渴求，愈发显得迫切而重要。

当代的人性城市设计，内涵更复杂，意义也更深远。本书既是立足当代现实需求对城市设计的思考，也是面向未来发展对理想城市社会的展望。希望本书的出版能为读者们带来一点启发。限于水平，诚恳期待读者们提出宝贵的意见！

目 录

1 回归本原：溯源人文主义思想 001

1.1 缘起与泛化 002

1.2 思想脉络演进 009

1.3 东、西方人文主义 018

2 世俗理想：人文主义城市生发 025

2.1 人性城市基石 026

2.2 黄金时代 036

2.3 历史车轮的轰响 042

2.4 现代城市人文性探索 050

3 哲学之思：从主体性到空间社会学 059

3.1 人文性与主体性 060

3.2 从认识论到实践论 063

3.3 主体性的多元发展 067

3.4 空间社会学 070

4 形态范式：当代城市的人文性思辨 077

4.1 新城市主义 078

4.2 人性城市空间形态 086

4.3 形态理论工具 091

4.4 形态与社会梯度 102

5 设计转译：需求导向的人性城市营造 109
5.1 城市的人文需求 110
5.2 健康的生态环境 116
5.3 富足的精神空间 120
5.4 美感的城乡形态 123
5.5 友好的人群社会 130
5.6 建构的方法逻辑 134

6 路径求索：人文性构筑城乡社会空间 141
6.1 空间形态研究及其在地化 142
6.2 人性城市更新 147
6.3 适老化城乡社会 157
6.4 数字化城市社区 166
6.5 生态友好的城市形态 173
6.6 乡村公共空间的重塑 180

结语 187
参考文献 191

1

回归本原：溯源人文主义思想

11世纪后，新城市兴起，资本主义在意大利萌芽。商品经济通过市场运转，自由的商品买卖使人们感受到自由对世俗生活的重要，亟须一场以自由为目标的文化运动，彻底斩断中世纪腐朽的宗教神学控制。此时，经济的繁荣使积累了财富的中产阶级成为社会的中流砥柱，他们具备创新之精神、博雅之学识、冒险之魄力，主张真实的现世生活必须取代虚幻的来世生活。当人们的思想和情感亟需摆脱迷幻和虚无的藩篱时，古希腊和古罗马的文学艺术为文艺复兴提供了依托，恢复古希腊、古罗马的文学艺术才能使人们回归世俗生活。人文主义在文艺复兴时期成为西方世界挑战宗教权威的思想指引，由神本位转至人本位，追求智识和理性的结合。与重视神道不同，人文主义重视“人道”，认同人类价值，寻求具有人文色彩的自由、平等和博爱。

1.1 缘起与泛化

从人文主义的构词可大致梳理其含义与发展脉络。最初的“人文主义”一词与“人性”的拉丁语写法相同，都为“humanitas”。文艺复兴时期，“人文主义”在意大利语中译为“umanista”，原意为专门研究、讲授人文学说的学者和学习人文学说的受教育者。最早出现“umanista”写法的时间可追溯到1490年，而后约在16世纪传入英语世界。19世纪早期，英语“humanismus”传入德语世界，在德语语境中解释为倡导古典文学和非宗教性的生活哲学，后又传回英语世界，写作“humanism”。20世纪初，朱光潜等将“humanism”翻译为“人文主义”，“人文主义”一词以中文形式出现。

罗马共和国学者马尔库斯·图利乌斯·西塞罗（Marcus Tullius Cicero）与人文主义思想的缘起关联密切。自西塞罗起，人们开始了对人性的哲学思考，人文主义的车轮由此转动。西塞罗出生于意大利南部小城阿尔皮诺（图1-1），在罗马接受了系统的教育，精通法律、修辞学和哲学（图1-2）。他天资聪颖，善于雄辩，致力于捍卫宪政自由和公共利益，第一次提出了“人文性”概念，将其描述为与自由、艺术、文学等有关的价值观。

图 1-1　西塞罗的故乡——意大利阿尔皮诺

图 1-2　青年时期的西塞罗

（文森佐·福帕）

在罗马共和国晚期的政治危机中，西塞罗忠诚地拥护自由理想，人文性贯穿其政治和哲学研究始终。西塞罗的成就使他受到人民的爱戴，但也遭受到骑士统领马克·安东尼的嫉妒。公元前 43 年，西塞罗被安东尼雇佣的奴隶杀害，其头颅和双手被钉在了罗马城市广场的讲坛上。西塞罗对后世人文主义思想的确立和发展影响深远，欧洲启蒙时期，洛克、孟德斯鸠、亚当斯等人常在作品中引用西塞罗的学说。一定程度上，文艺复兴的本质是对西塞罗思想的复兴。

"人文主义"一词最早的应用者，学界主流推断为巴伐利亚神学家尼特哈莫尔（Niethammer）。1808 年，尼特哈莫尔在"关于古代经典在中等教育中的地位"的辩论中提及人文主义的价值，并在德国中学的课程中尝试加入古典学课程。他坚信民众意识和文明开化对于中等教育至关重要，将慈善精神与人道主义相结合。德国历史学家乔治·福格特（Georg Voigt）等在研究中广泛使用"人文主义"这一说法。1859 年，福格特在《古代经典的复活》（另译《人文主义的第一个世纪》）中把人文主义用于文艺复兴研究，开启了用人文主义解释文艺复兴思想的先河。

文艺复兴发生在 14 世纪后半叶至 16 世纪，由意大利各城邦兴起，席卷至西欧各国。当时的新兴资产阶级认为，古希腊、古罗马文化高度繁荣，而中世纪的黑暗使文明没落，曾经的文化需要再度兴盛，遂称这股思潮为"文艺复兴"。文艺复兴的意大利文写为"rinascimento"，观其构词法，"ri"有重新之意，"nascimento"与"nascere"同源，意指出生。文学与艺术重新出生，中古时代自此远去，漫长的中世纪结束，西方世界迎来了近代的开端。文艺复兴带来科学与艺术的革命，是一场新兴资产阶级引领下的欧洲思想文化运动。

多种原因共同促成了文艺复兴的兴起。百年来，中世纪的宗教统治禁锢着人们的思想，生产力发展缓慢，人成为神与宗教的附属。基督教教会建立了森严的等级制，树立上帝绝对的权威，人们的生活需要严格遵照《圣经》的教义，宗教法庭有权代表神对人处以刑罚。教会的管制使文学、艺术、道德等文化模式陷入僵化，虚浮的信仰无法满足人们对世俗生活的追求。

自文艺复兴时期开始，人文主义在文化舞台上逐渐发展，成为一种以理性、仁爱为哲学理论与思想基础的世界观。人文主义注重个体人的感知体验与精神情绪，兼具理性特征与情感关怀，将人的兴趣、尊严、思想自由等纳入人文科学探讨范畴。

文艺复兴早期，意大利诗人但丁·阿利吉耶里（Dante Alighieri）在《神曲》中对教皇的独裁提出质疑。《神曲》描述了但丁在人生旅途中迷失于森林，被豹、狮、狼挡住去路。古罗马诗人维吉尔搭救了他，并引领但丁游历地域与天国。文字中充满政治隐喻，形象地阐述了政教分离的思想，反对教皇掌控世俗权利，对教会进行了尖锐的批判。但丁的作品深刻影响了后来的"人文主义之父"——弗朗西斯科·

彼特拉克（Francesco Petrarca）。1302 年，彼特拉克的父亲与但丁一起被黑党政权从佛罗伦萨放逐，彼特拉克追随父亲，在法国南部度过了童年时光。14 世纪，在但丁的影响下，彼特拉克重新整理了西塞罗的书信，开始了对人文主义的研究。

广泛的阅读和思考，使彼特拉克成长为一名信仰人文主义的诗人，他首次称中世纪为“黑暗时代（Dark Ages）”。他的十四行诗在文艺复兴时期受到整个欧洲的推崇和模仿，是意大利文学风格的典范。1338—1342 年，彼特拉克用拉丁语写成史诗《阿非利加》，歌颂了古罗马政治家西庇阿，传达出浓厚的人文主义倾向。彼特拉克把自己的文学理念称为“人学”，以此与当时的“神学”划清界限，追求“古代学术——它的语言、文学风格和道德思想的复兴”。

基督教创立以前的古希腊、古罗马时代，教育关注人性的研究，即自由民众的自然倾向，培养自由民众的日常技艺，以人类自身为主体探索自然与社会，富有人文色彩。古罗马时期，学校设置三加四门学科，三学科为语法、修辞、逻辑，四学科为算数、几何、音乐、天文，称“自由七艺”。自由七艺不能简单地与所谓“文科”等同，它类似于我国先秦时代的“古六艺”——礼、乐、射、御、书、数。自由七艺包含文化素养与文明教化的大部分内容，是面向自由民众进行的全面系统教育，是西方早期的人文教育。

中世纪开始后，教育体系逐渐由教会垄断。大学是中世纪高等教育的产物，就像中世纪的大教堂和议会一样，为教会的统治服务（图 1-3）。正因如此，欧洲中世纪的大学与教堂、议会有着千丝万缕的联系。当时高等教育修读学科只有宗教、民法和医学，主要任务是培养神职人员，如祭司、辅祭、修道士等。神职人员属精英人才，一定程度上丰富了西欧封建主阶层的管理体系和人员储备，以便更好地管理国家和社会。而到了文艺复兴时期，更多的世俗学科开始被纳入高等教育体系，如修辞学、哲学、天算学等，世俗学科独立于宗教性质的学科之外，讲授希腊、罗马的古典学问。随着文艺复兴席卷欧洲，世俗学科逐渐取代了宗教学科的首要地位。

新生产方式的出现，动摇了中世纪的社会基础，世俗文化在此时萌芽。随着经济的复苏，城市建设与经济同向发展，生活质量和环境品质不断提升。人们意识到，现实生活能带来世俗的乐趣，宗教神权和虚假的禁欲主义违背了人的世俗意志。与宗教神权文化对立的人文主义思潮迅速蔓延。在人文主义思想的带领下，人们从对神性的崇敬转至对人性的关注。人文主义肯定人是生活的创造者，人是自己的主人，应把思想、感情、智慧从神权束缚中解脱出来，用艺术表达情感，用科学谋求福祉，用教育发展个性。人文主义提倡以人权反神权，以人性反神性，强调人应该精神独立而非成为神的附庸。

文艺复兴带来了人文主义思想的一次大规模复现，文艺复兴之后，以法国为中

图 1-3 中世纪巴黎大学的研讨场景

（艾提尼·克劳德）

心，欧洲社会掀起了启蒙运动。启蒙运动用理性驱散愚昧，用自由民主解放思想。而进入19世纪，伴随工业革命发展的脚步，人类创造了巨大生产力，社会面貌发生了翻天覆地的变化，从传统农业社会转向现代工业社会。到了20世纪，人文主义随着历史的车轮继续向前迈进。经历过两次世界大战，人类对自身的反思愈加深刻，人文主义的内涵变得泛化且多元。冷战开始后，北美和西欧爆发了一系列反文化运动、民权运动、女权运动等，西方国家更趋向世俗化。

20世纪60年代中后期，资本主义的物质与政治危机逐渐凸显，第二次世界大战后的黄金时代接近尾声，反文化运动出现。当时的国际形势波谲云诡，越南战争、古巴革命战争核心人物切·格瓦拉（Che Guevara）在玻利维亚被杀、黑人解放运动领袖马丁·路德·金（Martin Luther King）遇刺等事件相继发生。人们一方面对保守政府充满愤怒，另一方面对失业率增高和贫困阶层扩大的窘境感到沮丧，于是纷纷走上街头，发表反对政府的言论。切·格瓦拉（图1-4）是古巴革命战争的核心人物，古巴共和国和古巴革命武装力量的主要缔造者和领导人之一。切·格瓦拉去世后，其肖像成为反主流文化的普遍象征和全球流行文化的标志（图1-5）。

图1-4　切·格瓦拉像——英勇的游击队员

（阿尔贝托·科尔达摄于拉库布雷号追悼会）

图1-5　以切·格瓦拉为原型的艺术创作

（T H 汤莫伊）

反文化运动愈演愈烈，中产阶级年轻人渴望打破一切传统的桎梏，极端艺术行为伴随着尖锐的冲突和骚动频繁出现，巴黎“五月风暴”将运动推向顶峰。1968年，巴黎楠泰尔文学院学生不满美国发动越南战争，砸毁美国汽车被捕。该院大学生要求释放学生，并占领学院行政楼，实行罢课。而后的几个月内，法国各地学生参与声援运动，爆发了法国历史上规模最大的学生罢课和工人罢工运动。

彼时西方世界的年轻人，既对物质消费的无止境进步产生焦虑，又对文化与经济发展的不匹配产生困惑，既对消费社会中的个人命运忧心忡忡，又对全新的文化浪潮激动不已。主导反文化运动的年轻人表现得极度疯狂，新教伦理和清教精神受到强烈冲击，并在伦敦、巴黎、纽约、旧金山等地愈演愈烈。似乎一切秩序、限制和习俗都应被重建。对当时的反文化狂热分子来说，或许最能打破一切保守的莫过于性与毒品。

反文化运动催生了许多新的文化形式，如波西米亚主义、嬉皮士等另类文化体系，也使妇女和少数族裔的处境得到关注。这种现象突出表现在“英伦入侵”时期。所谓“英伦入侵”，与真正的战争无关，而是发生在流行文化领域的文化输出浪潮，以音乐为代表的英国文化产品在美国获得大量拥趸。20 世纪 60 年代初期至中期，英国摇滚乐队和音乐人在美国及全球范围内迅速流行，并产生深远影响。这一时期，众多英国乐队带着独特的音乐风格和创新表演方式，打破了当时美国本土音乐的垄断地位，为流行音乐的发展注入了新的活力。这些英国乐队的音乐不仅风格多样，涵盖了摇滚、流行、民谣等多种元素，而且歌词内容也往往富有深意，反映了当时的社会文化和年轻人的心态，在旋律、编曲和演唱上都展现出了极高的艺术水准，赢得了全球乐迷的广泛喜爱和追捧。

“英伦入侵”不仅是一场音乐革命，更是一次文化输出和文化交流，推动了全球流行音乐的发展和变革，使得流行音乐不再局限于某一地区或某一风格，而是成为一种跨越国界、跨越文化的全球性音乐现象。同时期众多艺术家、作家等在行业内部同样掀起反文化浪潮，对反文化运动起到推动作用。

反文化运动的根源是多方面的，不应简单将其与其他狂热的反独裁运动等同。一方面，第二次世界大战的结束触发了婴儿潮，正如“日本病”描述的这代年轻人，“未曾享受过日本的成长宴会，来到世上只为收拾宴会结束后的残局”，这些潜在的对社会不满的年轻人，成长为社会的参与者，不得不重新思考西方民主主义发展的方向。另一方面，第二次世界大战后美国财富的积累使年轻人不必像他们的父辈那样，关注生活必需品和家庭财政状况，大萧条时期的经济衰退开始被淡忘。多重因素导致反文化运动快速被美国主流社会所吸收。随着西方世界世俗化的发展，无宗教信仰者比例增加，人文主义为这些无宗教信仰者提供了一个近似宗教的价值观。

人文主义思想起源于古希腊、古罗马时期，文艺复兴运动使其迅速发展。从 14 世纪到 16 世纪，人们开始重新发现古希腊、古罗马的文化遗产，反思人的价值、尊严和理性，倡导以人为中心，反对中世纪神学的束缚，实现古典文学、艺术、哲学、科学等多领域的全面复兴。随着时代的发展，人文主义逐渐超越了文艺复兴时期的内涵范畴，成为一种更为广泛而深刻的思想潮流。在启蒙运动时期，人文主义进一步强调理性、自由和平等，推动了科学革命、政治改革和社会进步。伏尔泰、卢梭等都深受人文主义思想的影响，为西方现代社会的形成奠定了思想基础。进入近现代以来，人文主义的内涵继续延伸并呈现出多样化形态，更关注自由与尊严，关注人的全面发展，倡导多元文化的包容共存。人文主义内容更加泛化，成就了其当代含义，即实现自我价值与人类福祉。在全球化、信息化和科技迅猛发展的今天，人文主义更加凸显其要义，成为连接不同文化、促进人类共同发展的重要纽带。

1.2 思想脉络演进

从古希腊、古罗马时期到后现代时期，人文主义的实践领域已渗透至人们生活的各个层面，影响绵延至今。人文主义的本原意义在于对人类需求的关怀，对人性尊严的维护，对世俗文化的宽容，中心主题始终是人的潜能挖掘和自我价值实现。神学观点把人作为神学秩序的一部分，科学观点把人作为自然秩序的一部分，而人文主义观点认为，人本身是唯一可以凭借的秩序建立基础。

1.2.1 中世纪与文艺复兴时期的人文主义

自意大利文艺复兴时期至19世纪末，各历史时期的人文主义者大致具有同一共识，即古希腊、古罗马的文学艺术是人文主义的基础，其价值值得推崇，其内涵值得复现。但是，在19世纪的学术研究中，文艺复兴还常用于描述12世纪的“文艺复兴”。对于这一论调，历史学家雅各布·布克哈特（Jacob Burckhardt）持反对态度。他认为，文艺复兴即意大利文艺复兴，意大利文艺复兴具有特殊性，与中世纪产生的其他所谓“文艺复兴”有本质差别。在《意大利文艺复兴时期的文化》一书中，布克哈特深入剖析了文艺复兴时期的社会结构、政治环境、艺术成就，提出文化发展具有内在逻辑和独立性，文化现象是多种因素交织作用的结果，而非单一政治或经济力量的产物。人文主义精神是文艺复兴时期文化的核心，体现了对人类自身价值和尊严的肯定，以及对自由、平等、博爱等理念的追求。美国德裔艺术史家欧文·潘诺夫斯基（Erwin Panofsky）认同布克哈特的说法，提出其他“文艺复兴”并未把古典文化瑰宝当作独立存在的文明，而是将其嵌入基督教信仰体系，被宗教利用而改变了古典文化最初的意义。相比之下，意大利文艺复兴是纯粹的希腊罗马古典复兴，绝非掠夺曾经的古代世界文明加以转译，古希腊、古罗马文明只有在意大利文艺复兴中才作为独立的文明得到再生。

人文主义的生发并不像中世纪文艺复兴那样泾渭分明，中世纪并非没有人文主义的火种。中世纪盛期，欧洲经历了一系列的文化、社会和经济变革，人文主义复兴星火初现。哥特式教堂建筑的兴起、以大学为代表的学术中心的建立、商业和贸易的扩展，使人文主义在中世纪背景下渐进性发展，而非像意大利文艺复兴那样对古典文化和知识的全面复兴与再创造。彼时的人文主义强调的是人与上帝的关系，人并未完全作为主体研究对象。12 世纪初期，法国神学家孔什的威廉（William of Conches）提出，上帝的权能通过自然规律使世界运作,也通过自然产生了人。人类本性高贵，能够遵循自然法则、无所畏惧（除羞耻感外）、勉力行善，从而成为上帝的影像。基于神学理性信念，人们既相信神的高妙，也相信人的潜能。人通过理性理解认识宇宙规律，进而制定法律和道德标准并予以实践，守卫自然与社会的秩序，成为神与受造世界的联结。

孔什的威廉认为，人的理性使人类能够理解并遵循宇宙的秩序（图 1-6）。运用这种理性，人类认识到自己在自然秩序中的主体地位，共享对法律、自由和道德的认知，并利用这些力量去遵循、探索和捍卫这一秩序。人类成为连接神与创造物的核心环节，能够利用自身的四种能力，即理解法律、追求自由、实践道德和恪守法律来维持宇宙的和谐与平衡。

图 1-6　孔什的威廉绘制城市的羊皮纸手稿

相比于11世纪后期的经院主义，中世纪的人文主义不再完全信奉辩证法或逻辑推演，社会世俗化与死亡威胁动摇着人们对宗教能够拯救世界的信心。意大利政治思想家尼可罗·马基雅维里（Niccolò Machiavelli）虽非纯粹的人文主义者，但他提出了基督教将谦卑、自我克制与对世俗事务的鄙夷抬升到了不该有的高度。中世纪后期的思想家中，马基雅维里率先提出摆脱神学的束缚，国家权利应作为法学基础，政治和法律都应是独立学科而非受宗教摆布。

在14世纪欧洲爆发中世纪大瘟疫后，天主教的威信受到沉重打击。代表着黑死病的大写“P”字标识出现在一个又一个街区、一座又一座城市，自意大利墨西拿蔓延至整个欧洲。除少数国家（如波兰、比利时）侥幸成为漏网之鱼外，欧洲国家几乎无一幸免，意大利和法国受灾最为严重。瘟疫爆发后，专门医治患者的医师会戴着鸟嘴状防传染面具治疗病患（图1-7），他们身着长袍，用拐杖接触病人，鞭打病人以赦免他们的罪。当时人们认为神不庇护患病的人，通过鞭打可以获得救赎。黑死病夺去了欧洲两千五百万人的生命，也直接成为中世纪中期与晚期的分水岭，神权社会开始动摇，古希腊、古罗马人文思想复燃，欧洲文明逐步进入下一个纪元。

自然科学进步与人文主义发展互为论证，共同扩展着人类对自我与世界的认识。1687年，“近代物理学之父”、百科全书式的“全才”、英国著名物理学家艾萨克·牛顿（Isaac Newton）发表了论文《自然定律》，描述了万有引力和三大运动定律。牛顿、伽利略等人创立的经典物理学印证了人类能够通过科学理性的手段，探究自然的奥秘，从落地的苹果窥得世界运行的规则，揭示宇宙的真理。自然科学蒙上了一层人文主义色彩，人大可不必去探究神的旨意，反而应先探究世俗的自己。

文艺复兴与中世纪仿佛一对孪生概念，中世纪的衰落映衬着文艺复兴的繁盛。文艺复兴时期，古典人文主义实践率先在文学艺术领域进行。当时的人文主义者一般由富裕阶层和中产阶级组成，他们受过良好的古典语言或古典文学教育，社会参与度高且具有一定话语权。他们更推崇以人为主体的人文主义，力图弱化甚至消除神在人文研究中的地位。早期的人文主义学者常以拉丁文学为标准，将欧洲文学史分为古希腊、古罗马的辉煌时代、中世纪的衰落黑暗时代，以及他们自己生活的复古文化时代。艺术史家同样遵从这种划分方式，佛罗伦萨雕塑家洛伦佐·吉贝尔蒂（Lorenzo Ghiberti）等认为，建筑、绘画、雕塑的人文性也历经了辉煌时代、黑暗时代和复兴时代。

图 1-7　瘟疫鸟嘴医生

（保罗·佛斯特）

1.2.2　人文主义与启蒙运动

启蒙运动建构了具有现代意义的人文主义思想。17—18 世纪，以法国为中心的反封建、反教会运动如火如荼地开展，成为继文艺复兴后西方世界又一场反封建思想解放。启蒙运动的核心在于理性崇拜，用理性对抗愚昧，用自由抵制权威，为美国独立战争和法国大革命提供了框架，也成为西方人民争取民族独立之精神武器。

法语中启蒙（lumière）意指“光明”。启蒙运动倡导者认为，应该用理性之光驱逐黑暗，摆脱君主专制和教会控制。封建领主和教会对人们盘剥无度，与腐朽衰败的专制制度相对抗衡的，是蓬勃壮大的新兴进步力量。哲人思想汇聚，终以大革命的形式爆发。在文艺复兴运动推动下，人们的世俗愿望更为强烈，自然科学的发展也令宗教神权威严不再。受英国资产阶级革命影响，欧洲民众摆脱教会压迫的愿望日渐清晰，对人的能力也更加自信。人们从最初关心的自由，到通过自由实现平等，从平等再到人类博爱，人文主义成为启蒙运动生发的思想指引，掀起一场激烈的思想解放浪潮。

法国启蒙思想家伏尔泰（原名弗朗索瓦-马利·阿鲁埃，François-Marie Arouet）是启蒙运动的核心人物，他的史诗《亨利亚德》（原名《神圣同盟》）以宗教战争为题材，将波旁王朝的亨利四世作为开明君主而歌颂，其在登基为王后颁布《南特敕令》，保障新教徒的信仰自由，传达了人文主义情怀。“我不同意你的观点，但我誓死捍卫你说话的权利”被认为是伏尔泰的名言而广泛传扬，人们认为这句话代表了伏尔泰对自由的认同和宣扬。实际上，伏尔泰并未说过这句话，其是英国女作家伊夫林·比阿特丽斯·霍尔在1906年出版的《伏尔泰的朋友们》一书中，根据伏尔泰的观点整理的。伏尔泰一生都在批判天主教会的黑暗统治，坚决反对宗教和政府的教权主义，对当时教会的腐败和教会对人民的迫害进行了尖锐的批判。他主张政治和宗教分离，强调宗教应该是个人信仰和自由选择，政府不应干预。他认为理性和科学对人的实际生活更重要，通过理性思考和科学探索，人类可以推动社会进步和文明发展。伏尔泰尊重知识，鼓励人们运用理性解决问题，反对盲目的信仰和迷信。但他并非完全摒弃宗教信仰，相反，他是一个自然神论者，对不同宗教信仰持宽容态度，认为宗教本身可以抑制人类恶习，是统治者不可缺少的思想工具。

与文艺复兴相比，启蒙运动并非纯文学艺术运动，而是把目标定位为建立新的道德、思想和美学体系，反对蒙昧，反对“君权神授”，宣扬自由理性的政治理念。在人文主义的演进谱系中，人们对自由的推崇一以贯之。人们有权自由选择信仰，并且尊重不同宗教信仰之间的差异，任何形式的宗教迫害和歧视都不应存在。在启蒙运动中，与自由相伴的是平等观念，人们批判封建社会的不合理结构和压迫，希望建立平等公正的社会秩序。个人的幸福和快乐值得追求，在履行个人责任和作出社会贡献的同时，幸福和享受生活也是人生要义。

人文主义提倡发挥人的潜能，实现人的价值。如果个体人的潜能得到释放，那么人类将得到无限成就。 启蒙运动的先驱以引导人们冲破传统教义、获得思想自由为目标，一方面对专制制度开展猛烈抨击，另一方面描绘自由的未来社会蓝图，建立以理性而非神性为基础的社会。 启蒙运动以人文主义理论为基础，创造系统的政治纲领和社会改革方案，以政治自由对抗暴政，以信仰自由对抗压迫，延续了文艺复兴的反禁欲斗争精神，直至引发资产阶级大革命。

启蒙思想家、哲学家让-雅克·卢梭（Jean-Jacques Rousseau）在《社会契约论》中提出，专制被暴力推翻以后，人们面临的问题是如何在社会中实现新的“平等”。获得平等的道路有三条：一是回归自然状态，自然人是孤独的，相互之间没有交往和联系，除了生理上的差异，彼此平等自由；二是通过暴力革命废除一切不平等的根源，达到非自然状态下的自由，但暴力只能打破权利，不能建立新的权利；三是用社会契约来保障社会平等。 第三条道路将契约作为人一切合法权利的基础，相比前两条道路更为可行。 以往的契约都以牺牲人的自由为代价，卢梭要创立的是既保障合法性又保障人的自由的契约。

法国社会的动荡和政治腐败促使人们寻求变革，雅各宾派在这一时期崛起，成为推动变革的重要力量。 雅各宾派的成员包括各种资产阶级政治活动家，如自由派贵族、立宪派大资产阶级、工商业资产阶级及民主派资产阶级等。 他们主张民主、平等和国民主权，试图推翻封建制度，实现人民权力，以及对社会进行根本性改革。

卢梭的信仰者、雅各宾派专政时期的实际最高领导人马克西米连·弗朗索瓦·马里·伊西多·德·罗伯斯庇尔（Maximilien François Marie Isidore de Robespierre），试图按照卢梭的原则，以理性和自由替代基督教控制。 但是，他相信的平等和民主后来却演变成用“断头台”还人自由，背离了卢梭平等理想的初衷。

1793 年，罗伯斯庇尔领导雅各宾派推翻吉伦特派政权，实行恐怖统治，以维护革命成果，打击国内外反革命势力。 他颁布《1793 年宪法》，彻底摧毁封建土地所有制，平息了联邦党人的叛乱，粉碎了欧洲各君主国家的干涉。 罗伯斯庇尔主张权利平等和普遍男性选举权，反对封建特权和贵族制度，坚信法国人民有能力推进国家共同的福祉。 他领导的雅各宾派政府实施了一系列激进政策，包括土地改革、教育改革和军事改革等，想彻底改变法国的社会和政治结构。

然而，罗伯斯庇尔的统治也伴随着大量的暴力和恐怖活动。 他推行的恐怖统治政策导致了成千上万的人被逮捕、审判和处决，其中包括许多无辜的平民。 这种极端的手段引发了人们广泛的反感和不满，最终导致了雅各宾派政府的垮台（图 1-8）。当对自由和平等表现得过于狂热激进，民众的悲愤会逐渐转化为暴力，甚至对断头台疯狂追捧。 卢梭曾说："以绞死或废黜一个暴君为目的的暴动,乃是与他昨天处置臣民生命财产的那些暴行同样的行动。 支持他的只有暴力,推翻他的也只有暴力。"

图 1-8 裹着绷带的罗伯斯庇尔被押上断头台

(阿尔弗雷德·穆亚尔)

1.2.3 人文主义与工业化

19 世纪，自然科学与技术的发展深切影响了人们对自我、社会和世界的认识，让人们更确信自然规律能够被掌握，人类社会的发展规律同样能够被掌握。 此时的人文主义几乎完全摒弃了神意，人类的能力被放大，甚至出现许多科幻作品，描绘了宇宙中有高于人类的物种存在，能够帮助人类获得能量。

用宗教控制代表宗教，这本身就是对宗教的一种歪曲，而用世俗完全代表人文，亦是对人文主义的以偏概全。 工业革命将人们带入蒸汽时代，巨大的生产力变革引领社会出现翻天覆地的变化，传统农业社会转变为现代工业社会。 工业化既借助物质资本和人力资源来加工原料以制成消费品和资本品并提供相关劳务，也包含经济结构的变化，制造业和服务业在国民收入和就业人口中的占比增加，农业在国民收入和就业人口中的占比下降（图 1-9）。 工业化生产和生活方式并非宗教主义，并非不“世俗”，但是工业革命早期的人文主义者对轰鸣的机器、污染的环境、资源的分配等，仍表达着批判。

图 1-9 工业革命时期的德国路德维希港

（罗伯特·弗里德里希·斯蒂勒）

工业化初期，资本家为了追求利润最大化，往往忽视工人的劳动条件和福利，导致“血汗工厂”的出现，工人劳动强度大、工资待遇低、工作环境恶劣。 工业化加剧了社会财富的不平等分配，贫富差距拉大，社会阶层分化明显。 在现代化进程推进的同时，出现传统社会文化流失的现象，一些地方特色和民族文化逐渐被边缘化。

工业革命早期的人文主义批判与中世纪对宗教制度的批判并没有本质的不同，工业化如中世纪一样压抑人性。瑞典作家奥古斯特·斯特林堡（August Strindberg）提出，“他们站在过去和现在的混合地带，脑子里塞满了书籍和报纸上的只言片语，拼凑起人性的碎片，仿佛精美衣物的破烂布条，组合成某种类似人类灵魂的东西”。

人文主义与工业化并非背道而驰，而是在工业化进程中被赋予了现代意义，工业化社会使人文主义的理性内核得以体现。虽然机器和技术的力量日益强大，但人始终是发展的核心，以人为本的理念强调尊重人的价值和权利，关注人的发展。英国政府通过制定现代工厂制度、劳动法规等措施，改善工人的劳动条件和福利待遇，缓和社会矛盾。德国在工业化进程中注重平衡经济发展与社会公正的关系，建立了以社会市场经济为基础的国家福利制度，为国民提供相对全面的社会保障。在推崇理性现代化的社会中，人们获得了生活生产便利。

新的生产技术与工艺促进了文化艺术的发展，审美标准从面向贵族的高岭之花转向更为经济、简约、实用的大众审美。人们对艺术的欣赏与理解更具包容性。随之而来的，是人们的思想更开放自由，不同的观点碰撞形成多元文化成果。对比曾经的宗教专制和神学论，现代人文主义明确了真理的道路不止一条，单一的价值符号终会被多形态、多面向、多维度的价值体系取代。

工业化作为人类重要的历史过程，推动了农业社会向工业社会的转变。机器生产取代手工生产，大规模的生产和消费成为可能。这不仅改变了人们的生产生活方式，也深刻地影响了社会结构和价值观念。工业化的发展为人们提供了更多的物质财富和便利，但同时也带来了环境污染、资源枯竭等问题。这些问题引发了人们对于人与自然、人与社会关系的思考，也促使人们重新审视人文主义的价值。

工业化进程中的技术革新和科学管理体现了人文主义的精神。人文主义强调人的尊严和独立思考，关注个体的内心世界、情感体验和道德观念。科学管理包含对工人的关怀，既提高生产效率，也保障工人的权益。技术创新则推动生产进步和发展，为人类创造更加美好的未来。人文主义与工业化并不是相互排斥的，工业化应关注人的全面发展和社会公正，推动科技与人文的融合。在人文主义的指引下，应更加重视环境保护和资源节约，实现可持续发展。

依靠科学理性建立的社会秩序，在为人们带来便利的同时也引发了新的问题。当神的威力不可相信，人出现的精神颓丧应如何寄托？现代人文主义的发展出现两种极端，一是过度依赖理性，二是屈服于非理性毁灭力量。自西格蒙德·弗洛伊德（Sigmund Freud）开始，对意识与精神的研究使人类对自我的认识变得复杂。1895

年，弗洛伊德将研究歇斯底里症的成果编成《歇斯底里症研究》一书，第一次使用了精神分析学概念，用以解释人类个体蕴藏的必须寻找出路的心理能量，如难以寻找则易导致疾病症候。基于弗洛伊德学说，卡尔·古斯塔夫·荣格（Carl Gustav Jung）认为，人们不再完全相信神话，即抛弃了思想寄托与传统信念，“徒劳感”由此产生。或许，有比人自身更权威的存在，人才能获得“自我性”，克服内在的冲突，疏解内在的困顿。于是当时间来到20世纪，各种思潮和主义不断萌发，替代宗教与神话，成为另一种宗教与神话。

1.3 东、西方人文主义

东、西方在历史、文化、社会背景等方面存在差异，人文主义在各自的文化体系中展现出不同的倾向。西方人文主义关注人的主体性和独立思考，推动了西方社会的思想解放和文化繁荣，为西方民主政治和现代社会的形成提供了思想支撑，奠定了西方近代科学、文学、艺术等的发展基础。以儒家文化为中心的中华文化人文主义思想源远流长，贯穿整个东亚文化发展的始终。儒家文化倡导责任、担当，以家庭荣誉、集体利益、国家安危、天下太平为重、为先，以“仁”和“礼”为核心，倡导“仁者爱人”，强调人与人之间的和谐关系，成就了独特的东方文化信仰体系。

1.3.1 西方人文主义

早期朴素的人文主义有两个来源。西方是自古希腊以来诞生的人本论，包含从泰勒斯到苏格拉底、柏拉图和亚里士多德的一系列人文思想；东方是以孔子思想为代表的人文主义。在苏格拉底和孔子之前，世界范围内主流哲学思想的核心关注点并不在于人类本身，而主要以神、自然等为核心。无论东方还是西方，在思想观念和社会道德里，人的需求、观念、理想等往往可以被牺牲掉。

自从普罗泰戈拉（Protagoras）提出“人是万物的尺度”，人就被放在世界的中心。普罗泰戈拉是古希腊著名哲学家，“智者派”的代表人物之一。他多次来到当时希腊奴隶主民主制的中心——雅典，与民主派政治家伯里克利（Pericles）结为挚友。普罗泰戈拉一生旅居各地，收徒传授修辞和论辩知识，是当时受人尊敬的“智者”。他认为，每个人的感觉和认知都是主观的，没有绝对的真理和标准。人类通过观察、思考和判断来理解和衡量周围的世界，人的主观意识在认知过程中起到了决定性的作用。个人的观点、感受和判断都是相对的，没有绝对的正确性。这种相对主义的思想在当时的社会背景下具有一定的革命性，既挑战了传统的宗教和道德观念，也强调了人的主观能动性和自由意志。据传，普罗泰戈拉晚年因“不敬神灵”被控，著作《论神》被焚，本人被逐出雅典，在渡海去西西里的途中逝世。

普罗泰戈拉的思想具有重要的启蒙作用，提出人的主观感受在认识世界中的重要性，否定了神或命运等超自然的力量对人生的作用，树立了人的尊严。他的伦理思想有力地支持了雅典民主政治，为西方伦理思想的发展奠定了基础。在普罗泰戈拉学说的基础上，苏格拉底和柏拉图极大地发展了这个观点，把自然哲学转到了对“人”的关注上。

正因为在古希腊城邦大力提倡无神论思想，苏格拉底引来了杀身之祸。公元前399年，雅典法庭认为苏格拉底侮辱雅典神，宣扬新神论，腐蚀青年思想，旋即判处其死刑。在此期间，苏格拉底有过一次逃亡机会，但他却认为逃亡只会破坏雅典法律的权威，因此饮下毒酒而死。临死前，一位叫作克利通的青年问苏格拉底有何遗言，他言道：“我别无它求，只有我平时对你们说过的那些话，请你们要牢记在心。”

古希腊哲学的流派非常多，但几乎所有的流派都认同“以人为本”。人文主义是文艺复兴时期的主要思潮，人们以此反对宗教教义和中世纪经院哲学，倡导思想自由和个人解放，肯定人是世界的中心。十字军东征和“黑死病”结束以后，东方文化逐渐被引入，这也让人们把对神的关注重新转到对人本身的关注上。科学发现也促进了人文主义的回归，当时的知识分子更倾向于认识世俗世界，并和宗教保持距离，知识分子阶层成为人文主义的倡导者。

16世纪，德意志神学家、哲学家马丁·路德（Martin Luther）发起了宗教改革运动，人文主义思想逐渐融入宗教之中。人是有独立意志的个体，在西方的神话体系和文学艺术作品中，处处可见对人的肉体与精神的崇拜。这是资本主义萌芽时期的先进思想。

1517年，路德在维滕贝格城堡教堂的大门上张贴了《九十五条论纲》，批评教会兜售赎罪券的行为，由此揭开了宗教改革的序幕。《九十五条论纲》迅速在德国及欧洲其他地区传播，引发了广泛的公众讨论。他随后发表了一系列演讲、文章和著作，如《致德意志的基督教贵族书》《论教会的巴比伦之囚》等，进一步阐述改革主张（图1-10）。路德的行动触怒了罗马教廷，受到教会的谴责和审判，但他在市民的支持下坚持自己的立场，公开对抗教皇的权威。虽然路德本人多次受到教会的威胁，但宗教改革打破了天主教会的精神垄断，人文主义复兴的序幕拉开，为欧洲文化的繁荣奠定了基础。

图 1-10　马丁·路德在沃尔姆斯议会宣传宗教改革

（安东·沃那）

西方一神教的世界观使人们普遍相信，人在上帝面前有原罪，上帝是唯一的救赎，使徒是上帝在世俗世界的“牧羊人”。在西方文化中有“人”与“超人”之分，超人是精英，比普通大众更优秀，更有权利代替上帝牧好羔羊一样的普通大众，不服从者被视为异教徒而被处置。犹太教、基督教都为典型的一神教信仰。与多神教信仰多个神灵不同，一神教认为存在一位至高无上的神，这个神是宇宙的创造者和主宰者，具有全能的属性。一神教的兴起与社会历史背景密切相关，通常出现在原始社会解体、阶级社会形成的阶段，反映了氏族社会中贵族与平民，以及进入阶级社会后奴隶主与奴隶之间矛盾的尖锐化。例如，基督教的兴起就反映了罗马帝国统治下，社会下层民众期望救世主来临的期望。

一神教源于原始宗教的灵魂观、万物有灵论、图腾崇拜、祖先崇拜、鬼神崇拜等。在多神信仰充分发展的基础上，人们的思想认识经过理论的升华和综合，产生了抽象概括的能力，从而形成了一神教的理论。在一神教的信仰体系中，人人平等、民族平等等观念符合当时社会下层民众的普遍期望，在历史上对世界文化传播作出了不可磨灭的贡献。然而，一神教的发展也伴随着氏族部落中的激烈斗争和社会矛盾。自伊曼努尔·康德（Immanuel Kant）之后，西方的人文主义更理想化，启蒙运动提出保障个人为先，保障群体为后，集体利益服从于个人利益。个人的人物个性受到鼓舞，大多数人的意志被压抑，这与文艺复兴时期的人文主义已有不同。

西方人文主义经历了从文艺复兴到启蒙运动再到现代主义等不同阶段的发展演变。每个阶段都呈现出不同的思想特点和表现形式，但始终围绕着人的价值和尊严这一核心展开。

1.3.2 东方人文主义

东方人文主义可追溯到孔子的人文思想。孔子（图 1-11）是人文主义的先行者，其人文思想主要体现在对人的尊重、对道德的强调及对教育的重视上，其关注君子处事原则，如尊重他人、理性、善良和求知等，有早期人文主义最鲜明的特征。

图 1-11 《孔子圣绩图》

（明·仇英,绘;文徵明,书）

东方人文主义以仁爱作为人际关系的基础，提倡以礼来规范社会秩序，并认为教育是提升个人修养、实现社会和谐的重要途径。在孔子的思想体系中，人是社会的核心。他坚信人有独特的价值和尊严，应该被尊重和关爱。孔子提倡的仁爱思想，要在人与人之间建立一种基于爱和关怀的关系，使社会充满和谐。

孔子重视道德作用。他认为，道德是社会稳定的基石，是维护社会秩序的重要保障。礼就是道德规范的具体体现，要求人们在行为上符合一定的规范，尊重他人的权利和尊严，实现社会稳定。

儒家学派历来不向宗教寻求解决现实问题的方法，而是希望通过教育让人变得高尚、公正和善良。所谓“有教无类”，即无论贫富、贵贱，都应该接受教育。人们可以通过提升自己的道德修养和知识水平为社会的进步和发展作出贡献。在处理人和人的关系上，孔子倡导相互理解，即“己所不欲，勿施于人”，使儒家思想落实在世俗的人文关怀上。

孟子沿袭了孔子的人文思想，主张性善论，人性本善是孟子人文主义思想的基础。人的天性中包含着仁、义、礼、智等美德的萌芽，只要通过适当的引导和培养，这些美德就能发扬光大。这一观点阐释了人的内在价值和潜力，体现对人性尊严的高度尊重。孟子提倡仁政，认为君主应以仁爱之心治理国家，关注民生，保障百姓的基本权益。君主需“以民为本”，将民众的利益放在首位，通过实施有利于民生的政策来实现国家的长治久安。仁政思想体现了孟子对于社会公正和人民福祉的关怀。孟子的人文主义以性善为基础，以仁政为手段，形成了完整而系统的思想体系。

东方人文主义以孔子学说为内核，儒家思想虽然不是宗教，但有部分宗教的特征，或者说有宗教的性格，可以称为宗教人文主义，但不能称为人文主义宗教。与文艺复兴以来的西方人文主义相比，东方人文主义不仅关乎哲学、伦理、社会、政治等，而且是一种生活性学说，是一种信念体系，从而代替宗教在日常生活中的作用。

东方人文主义有着以人为本的世界观：重视人性，肯定人的价值，且积极入世，热爱现实生活；重视人的社会责任、道德教化和和谐有序的社会关系；通过礼、乐等道德教化手段，提升人的道德品质和社会责任感，进而实现社会进步。个人的行为应该符合社会的道德规范和伦理要求，承担起应有的社会责任。由此形成和谐有序的社会关系，人与人之间和睦共处，“天下大同”是“仁”的最终归途。

东方人文主义视人为一种群体概念，不专指个人，而更倾向于指代大众、苍生。从儒家到道家，各学派从未脱离人群社会而单独讨论个体，东方人文主义更讲求为公，讲求“达则兼济天下”。与西方人文主义相比，东方人文主义更讲“观念”，明确人与人之间的关系。正如作家龙彼德所说，强调社会人格而不强调个体价值，是中国人文精神与西方人文精神的不同之处。“骑士美德”还是“士大夫精神”，其人文主义差异的核心在于如何定义人。

西方人文主义思想起源于古希腊时期，重视人的理性、自由、平等。文艺复兴时期，人文主义得到进一步发展，提倡以人为本，反对神权和宗教束缚。启蒙运动时期，人文主义更是得到了空前的推广，倡导理性思考、科学方法和自由民主的政治制度。这些思想的发展过程共同构成了西方人文主义的建构过程，指引人们追求个人价值的自我实现。东方人文主义思想深受儒家、道家、佛家等哲学思想的影响。儒家注重人的道德修养和社会责任，以此建构社会的和谐秩序；道家更侧重于个体的自然与自由，追求天人合一的境界；佛家则强调通过修行达到内心的平静和超脱。这些思想体系构成了东方人文主义的核心，即关注人的内在修养和道德观念，注重人与社会、自然的和谐共处。

2

世俗理想：人文主义城市生发

与唯物、唯神主义不同,人文主义更加“唯人”,把探索世界的视线聚焦在人本身,基于人的经验建立秩序。这并不与宗教信仰秩序、科学秩序或公序良俗相矛盾,任何信仰和知识都是从人的认知、人的经验、人的思想中得出的,人文主义的实践范式具有多样性。从公元前12世纪到19世纪,不同历史时期的城市空间呈现出不同形态的人文主义思想映射。城市空间塑造的主导力量出现神权、君权、人权的往复更迭,对物理空间建设、经济发展乃至社会形态的影响都极其深远。随着神权统治没落、资本主义新生、科学技术进步等,城市建设也经历了顺应自然与人工干预相互制衡调和的过程。

2.1 人性城市基石

古希腊、古罗马时期的城市建设是欧洲历史上极具影响力的篇章,也是人性城市建设的开端,在人类城市的形成和发展中占有重要地位。古希腊时期的城市以其选址合理、布局有序和建筑精美著称;古罗马时期的城市则以规模宏大、设施完善和建筑技术高超闻名。古希腊、古罗马城市建设和建筑风格不仅体现了浓郁的人文主义色彩,也为后世提供了一窥当时社会风貌的实物依据。

2.1.1 古希腊城邦

古希腊城邦不仅是居民生活的聚集地,也是政治、经济、文化和宗教活动的中心。“城市(city)”一词可以追溯到古拉丁语中的“civitas”,意为“民众社会”,也指围绕庙宇形成的广场空间。城市的本源即一种由民众组成的政治和社会组织,广场和庙宇构成组织的物理依托。城市不仅包含地理上的居住地概念,而且蕴含社会、政治和文化的多重属性。

古希腊山脉众多,地形复杂,各个城邦被山脉分隔,加之交通不便,城邦间有很强的独立性,城墙内即“独立王国”。在古希腊,爱琴海海岸和离海岛屿上共存着几百个城市国家,其中雅典、斯巴达最为强大。在持续半个世纪的希波战争中,希腊联军最终获胜,波斯战败。希腊城邦国家得以发展,波斯帝国从此一蹶不振。之后,古希腊开始建立起自由民主制度,民众拥有平等权利,民性与人性贯穿古希腊城市塑造始终。以雅典卫城(图2-1)为例,其始建于公元前580年,在希波战争中被毁坏。希波战争后，雅典卫城开始重建，历经多个世纪修建完善。当时的雅典人通过民众投票确定方案，体现了民主决策精神。

图 2-1　今天的雅典卫城

“卫城”一词来自希腊文“äκρον”（akron，最高点、极端）和“πόλις”（polis，城市之意）的结合。雅典卫城占据山顶高地，是城市的核心区域，用于建设神庙、祭坛等重要宗教建筑，不仅具有宗教意义，也是防御体系的关键部分（图 2-2）。为满足人们的公共生活需求，古希腊城市的公共场所营造和公共建筑群建设常以人体尺度为准绳。建筑和雕塑多为古希腊神话和英雄传说的题材，展示了丰富的想象力和创造力，传递了当时社会的群体价值观和信仰体系，也反映了古希腊人民对神灵的敬畏和对英雄的崇拜。

彼时，希波战争中损毁的许多城市也开始实践另一种重建模式，即古希腊建筑师希波丹姆斯（Hippodamus）提出的“希波丹姆斯模式”，该模式以棋盘格为主要空间特征，影响了西方两千多年的城市规划思想。

希波丹姆斯被称为“西方古典城市规划之父”，其出生于米利都城，为米利都城提出了希波丹姆斯模式的城市重建方案。米利都城是位于安纳托利亚西海岸线上的一座古希腊城邦，靠近米安得尔河口，曾在荷马的史诗《伊利亚特》中出现。希波丹姆斯遵循古希腊哲理，探求几何和数的和谐，以获得秩序感和美感。他的米利都城规划理念强调城市布局的规则性、功能分区的明确性及与自然环境的协调性（图 2-3）。

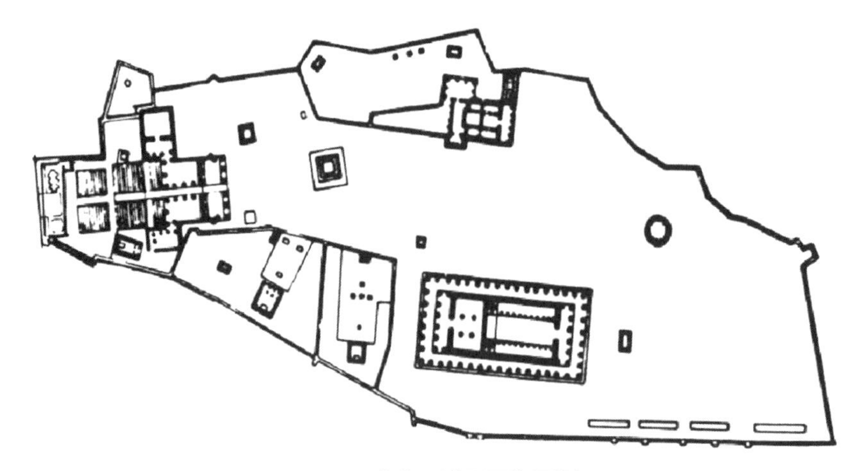

图 2-2　雅典卫城平面复原图

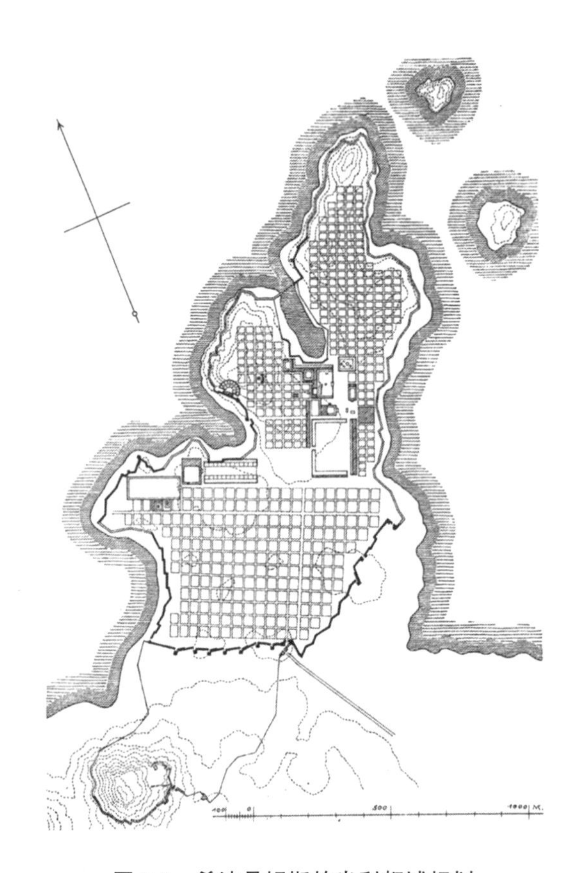

图 2-3　希波丹姆斯的米利都城规划

米利都城规划由30米×52米大小的方形住宅街坊重复形成，具有明确的韵律。路网采用棋盘式，两条主要垂直大街从城市中心通过，形成“L”形开放空间。用地划分成宗教区、商业区、公共建筑区等多个功能区，区块之间虽无明显的界线，但各自承担着不同的作用。宗教区位于米利都城东北部和西南部，是重要的精神中心；商业区位于北部和南部街区，以商业活动为主，市场、商店等商业设施集中于此；公共建筑区位于东南部，是主要的公共建筑集中地，包括市政建筑、剧场、运动场等；城市中心位于三个港湾附近，由广场、露天剧场、市场、运动场等构成，是城市政治、经济、文化活动的综合场所。米利都城有多个广场，集市广场是最重要的公共空间。南侧集市广场长160米、宽125米，面积为2公顷，是规整矩形围合的全封闭空间，周围有敞廊和商店用房。北侧也有一个矩形的全封闭广场，主要服务于居住在海边的居民。

道路系统以方格网为基础，道路无主次之分，但都非常狭窄，宽度5～10米，体现了古希腊城市对实用性和便利性的追求。中心区域通过主要街道与海港相连，便于货物运输和人员流动。设有多个城门和城墙，保障城市安全。整个城市三面临海，建成空间与海岸线相互咬合，选址充分考虑了港口运输和商业贸易的需求。规划方案节奏明快、尺度宜人，人工环境与自然环境协调互融。

根据亚里士多德的研究，希波丹姆斯是首个撰写政府理论的人，尽管并未进行实务实践，但却提出了一种新理念——城市规划可以真正体现并理顺社会秩序。城市塑造应遵循几何与数的关系，建构棋盘格式的路网骨架，划定规整明确的城市中心，以获得形态美感。米利都城海天相接，四周建造城墙，利用自然海岸线建构了城邦形态特色。路网横纵排布，大道互相垂直，若干广场共同组成城市中心，构型灵活，充分体现了民主与平等的城邦精神和市民文化需求。

古希腊城市发展闪耀着朴素的人文主义光辉。绵长的海岸线催生了早期的爱琴海文明，也让当地的人们崇尚自由与冒险。他们坚定地选择了城市建设的“自由”，摒弃中央皇权的约束，营造属于自己的“理想之城”。古希腊城市并不遵循严格的制式布局，而是根据地形、自然资源和实际需求进行灵活规划。街道往往形态多变，又巧妙地连接各个功能区。民居和公共建筑也体现了简洁、实用的特点，注重与周围环境的协调。建筑材料多为石材和木材，结构稳固且耐用。

亚里士多德说，希腊人的本质是“城邦的动物”。民众大会和五百人议事会让古希腊人有着强烈的城邦本位主义信念和城邦归属感。全民捍卫民主权利，追崇艺术、文学等具有自由民主气息的精神文化，反映到城市空间的营造中，灵动的布局、自由的平面、人本的比例，无一不是城邦精神的外化表达。

公元前 168 年，古罗马人占领了马其顿本土，随后逐步征服了希腊半岛。到公元前 146 年，古希腊全境都处在古罗马的统治之下，一系列的征服行动使古希腊在政治上的独立地位逐渐丧失。公元前 30 年，古罗马消灭了最后一个希腊化王朝——托勒密王朝，进一步巩固了对希腊地区的控制，盛极一时的古希腊就此消散。

2.1.2 古罗马城市

与古希腊顺应自然和人体尺度不同，古罗马城市充分展现着国家的富裕和战争的荣耀。借助几何、天文、建筑、力学等科学技术的发展，古罗马城市的建设水平更高。古罗马城市的人文主义特征主要体现在物理空间更趋向世俗化。

古罗马的起源充满了传奇色彩，传说由罗慕路斯和雷穆斯兄弟在台伯河畔兴建，这座“七丘之城”的繁盛从台伯河东侧的七座山丘展开（图 2-4）。台伯河地区具备地理优势，不仅能为城市提供水源和便利交通，还是防御外来侵略的天然屏障，是城市选址的理想之地。当时，七座山丘本不相连，由于各山丘的居民需要共同参加宗教活动，于是他们便逐渐清理了山丘间的沼泽和荒地，联合起了七丘，并在山丘间兴建市场和法庭，从而形成罗马城。七座山丘而后成为城市的核心，随着岁月的流逝，终于扩展为庞大的帝国都城。

图 2-4 古罗马七丘之城的传说

古罗马城市建设是历史的产物，发展过程与罗马历史的进程密不可分，大致历经王政时期、共和时期和帝国时期。王政时期，罗马国王致力于使城市更加宜居，建立城市管控制度，兴建市民建筑。塔克文王朝尤其显著，他们不仅扩大了城市的边界，还修建了从罗马广场到台伯河的排水体系，马克西姆下水道就是罗马最早的公共建设工程之一。

公元前600年左右，伊达拉里亚人开始挖掘马克西姆下水道，后被古罗马人扩建。当时的罗马城面临严重的洪涝问题，排水和防洪势在必行。马克西姆下水道占地面积广大，主干道宽度近5米。七个分支流经城市街道，最终汇入主道，形成庞大的排水系统。工事全由岩石砌成，结构坚固耐用。渠道中最大的一处截面约为3米×4米，从罗马广场通往台伯河。下水道的建设极大地改善了古罗马城的卫生条件，减少了疾病的发生和传播，确保污水和渍水能够及时排出，保持城市内部清洁干燥。尽管历经数千年的风雨沧桑和战乱破坏，马克西姆下水道至今仍在现代罗马城中使用，可见其设计之巧妙、建造之牢固。王政时期还修建了早期的宗教和政治活动中心，如罗马广场、朱庇特神庙等，体现了这一时期的城市建设成就。

罗马共和国的建立带来了社会政治的重大变革，贵族与平民之间的矛盾成为主要议题。通过一系列斗争和改革，平民在政治、经济和社会上获得了一定的权利，罗马社会趋于稳定。随着罗马共和国的扩张和影响力的增强，罗马城也经历了巨大的变化。城市边界不断向外扩展，亚壁古道将罗马城与意大利半岛遥远的港口连接起来。最初，亚壁古道只是罗马城和卡普阿城之间的一条军事要道，全长约212千米。后来这条道路一再延伸，总长度达到约582千米，一直通到布林迪西海港。整条道路笔直宽阔，在当时的施工水平下，能够修建出如此笔直且规模庞大的道路，着实令人惊叹。今天，古道沿途还保存着许多古代建筑的断壁残垣和地下墓穴遗迹。

共和时期兴建了巴西利卡、寺庙和剧院，这些建筑大多由古希腊建筑改建而来，但在规模和功能上显现出明确的罗马风格。博阿留姆广场上的灶神庙就是这一时期的杰作。灶神庙为砖石结构的圆形庙宇，周围设计成廊式，科林斯柱顺着圆润的曲线环绕着内部圆形殿堂，直接反映出古罗马人对于古希腊同类神庙的效仿（图2-5）。当时还修建了赛维安城墙等防御性建筑以抵御外敌入侵，城市建设技艺更趋成熟。

进入帝国时期，雄才大略的皇帝奥古斯都对艺术和城市设计极有兴趣，在位期间进行了大规模的都城改造和扩建。他将罗马城分为四个街区进行规划管理，修复

图 2-5　灶神庙遗址

了内战中损坏的建筑物，主持建设了奥古斯都广场、神庙、引水渠等公共建筑，鼓励市民修建私人花园以丰富城市景观，花园修建一时成为风尚。

随着帝国的不断发展壮大，罗马城也迎来了更多的建设机遇。朱里亚·克劳狄王朝和弗拉维王朝时期，留下了许多宏伟的建筑遗产，如著名的罗马斗兽场。罗马斗兽场也称弗拉维圆形大剧场，由维斯帕先皇帝开始建造，并于提图斯·弗拉维乌斯皇帝时期完工。斗兽场位于罗马广场东侧，威尼斯广场南面，专供奴隶主、贵族和自由民观看公共表演，如角斗士打斗、人兽搏斗、赛跑及其他娱乐活动。据记载，罗马斗兽场落成时曾举行了百日竞技，表演内容丰富多样，以致全城狂欢。罗马斗兽场呈椭圆形，占地面积约2公顷，长轴长188米，短轴长156米，圆周长约527米，围墙高57米。舞台居中，四周筑有阶梯形的露天观众席。内部设计复杂，包括走廊和画廊网络，各区观众都能够清晰地观看表演。罗马斗兽场由砖、大理石和水泥建造，整体结构异常坚固，正如民间谚语所说，“格罗塞穆若倒了，罗马也就灭亡了”。

帝国时期的古罗马建筑不仅注重实用性和美观性，还处处体现着皇权和威望。以尼禄的金宫为例，其规模宏大且极尽奢华。尼禄是罗马帝国的第五位皇帝，也是朱利奥·克劳迪王朝的最后一位皇帝。金宫位于罗马城帕拉蒂尼山到埃斯奎利诺山之间的广阔地带，据记载，金宫在建成时总面积达到80公顷，相当于斗兽场的40倍。现存面积为9290平方米，已发掘出150个房间。这些房间大小不一，有的面积超过100平方米，而有的仅容转身。金宫使用了大量的金箔、宝石、大理石等材料，所有房屋墙面都镶嵌着不同种类的大理石，大理石表面镀着黄金。殿内还装饰有精美的壁画和雕塑，各个房间营造出不同的主题氛围（图2-6）。据考古发掘和古代历史学家的描述，金宫内旋转餐厅的天花板装有可以转动的象牙面板，可以开启，用于洒下鲜花或香料。餐厅的地板可以旋转，在宴会中呈现出动态的美感。金宫还设有巨大的人工湖和园林，设计仿效野生森林，放养异域野兽。宫殿周围环绕着农田、葡萄园、牧场和森林，一派乡村景致，提供既奢华又宁静的居住环境。

尼禄本人残暴无道、热爱杀戮，在金宫内过着极度奢华的生活。公元64年，罗马城发生了一场大火，许多罗马人相信这场大火是尼禄为了清理土地、营造金宫而点燃的。尽管尼禄本人对此予以否认，但大火确实为他的宫殿建设提供了场所。

帝国时期，古罗马不断进行着领土扩张和财富积累，罗马城的繁荣越来越用于彰显军事战争的胜利。人们偏好享乐、奢华的城市生活，规划和建筑的尺度越发宏大，出现了大型广场和宫殿等建筑，强调轴线对称、透视关系、几何形态等人为设计痕迹。

马尔库斯·维特鲁威·波利奥（Marcus Vitruvius Pollio）在《建筑十书》中描述了古罗马时期的理想城市。维特鲁威是著名的建筑师和军事工程师，《建筑十书》是他献给恺撒·奥古斯都皇帝的作品，作为建筑工事的指南。该书写于公元前30年至公元前15年，结合了古希腊、古罗马关于建筑、艺术、自然、历史、技艺的知识和观点，充分赞扬了古希腊建筑师对多立克柱式、爱奥尼柱式和科林斯柱式的设计。

在《建筑十书》中，维特鲁威不仅详尽地阐述了建筑技术与工艺，更在其中论述了设计的人文要义。他认为，建筑应服务于人，满足人的基本需求与审美追求。

图 2-6　金宫遗址

从人的角度出发，在建筑的功能性、耐用性和艺术性之间找到平衡。 建筑也应与周围环境相协调，充分利用自然资源，避免对生态造成破坏。 这种顺应自然、与自然和谐共处的理念，体现了古罗马人对自然环境的敬畏。 此外，建筑还应具有社会功能和文化意味，其不只是对物质空间的建构，更是社会文化的载体。 建筑还可以传达出特定的社会价值观、宗教信仰和审美趣味。

关于城市的论述，维特鲁威认为，城市形态应为八角形，道路系统呈放射状，中心设置神庙和广场。 外围由城墙围合，共设置四个城门，城门不与道路对应。维特鲁威的论著深刻烙印在西方城市规划的审美价值中，他提出的“三位一体”——坚固、实用、美观，至今仍被很多建筑师与规划师奉为圭臬。文艺复兴时期，达·芬奇的画作《维特鲁威人》就是基于《建筑十书》第三册《对称：神庙和人体》第一章中提出的身体比例原则绘制的（图 2-7）。

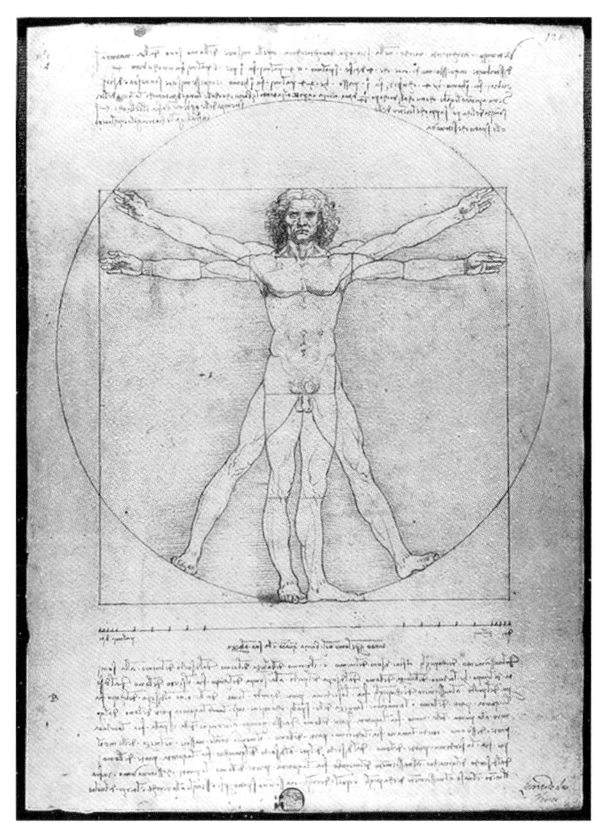

图 2-7 《维特鲁威人》

（达·芬奇）

古罗马城市建设风格极其世俗化，表征之一就是享乐设施的建设。在古罗马，公共浴池、府邸、剧场等建筑层出不穷，神庙建筑不再在城市中占据唯一核心地位。在被火山灰淹没的城市庞贝古城遗址中，作坊、店铺众多，酒馆、浴池遍布，按照行业分区设置，与大量富裕之家的民宅相连。主干道通向大广场，广场旁的商业大厦交易葡萄酒、玻璃制品、香料宝石和中国的丝绸，有人在墙上写着“赚钱即快乐”。城市东南角的露天剧场上演着喜剧和音乐剧，可容纳两万人的竞技场刻着角斗明星的名字。浴场亦极尽奢华，内设更衣室、微温浴室、游泳池，长廊设有柱列，雕刻精美，价值连城。浴室地板采用双层设计，用以保持浴场室内温度。

此时城市建设所遵循的已不再是古希腊时期的朴素人文主义，而是更富裕也更世俗的人文主义。世俗的人文主义关注人类经验的多样性和复杂性，关怀个体的欲望和自由，倡导以现实的视角来审视和理解世界。在世俗的人文主义视野下，人不仅是理性的存在，更是情感、欲望、信仰与习俗的交织体。人性不能简化为某种抽象的理念或原则，而应探索和理解在特定社会、历史和文化背景下，人如何生活、思考、感受及追求意义。

2 世纪，安敦尼王朝达到鼎盛，古罗马空前繁荣。至 395 年，时任罗马皇帝的狄奥多西一世将帝国分给两个儿子，罗马开始东西分治，也奏响了覆灭的哀歌。此后，罗马帝国再未统一。476 年，西罗马帝国被日耳曼人所灭，古典时代结束。1204 年，第四次十字军东征攻破君士坦丁堡，东罗马帝国元气大伤。1453 年，穆罕默德二世灭东罗马帝国，罗马帝国彻底宣告终结。

2.2 黄金时代

14—17 世纪，文艺复兴成为一场声势浩大、反映新兴资产阶级要求的欧洲思想文化运动，由意大利起源，后席卷至西欧各国，深刻影响了西方世界文明的发展。文艺复兴的星火可追溯到中世纪晚期，神本主义在当时的欧洲社会逐渐动摇，经济、政治和文化都出现了新的气象。城市兴起、商业繁荣，新兴资产阶级力量壮大，人们渴望打破封建束缚，追求个人的自由和幸福。正因如此，人文主义在文艺复兴时期得到了极大的发展，其关怀人的价值和尊严，尊重人的自然需求，认为宇宙的中心是人不是神。人文主义者反对封建主义和宗教蒙昧主义，崇尚理性科学，提出通过人的才智和创造力来认识世界、解决问题，而非依赖神的旨意或宗教礼法。

文艺复兴时期的人文主义带动文学、艺术和城市建设领域发生巨大的变革，这种变革为后来的启蒙运动和现代主义文学艺术奠定了基础。自文艺复兴开始，文学作品关注人的内心世界、情感和人性，宗教神话已然远去，文学作品的主人公更多的是具有鲜明个性的普通人，而非抽象的神明英雄。艺术家们也开始追求个性和创新，让作品充满生活气息和现实主义精神。人们把目光投射到社会现实，积极提出改善人民生活的社会改革方案，涉及教育、政治、经济等各个层面，打破封建主义的束缚，促进社会发生人本化转变。

文艺复兴带来了对人个性和价值的重新理解。思想的解放和自我意识的觉醒，使人们认识到自己作为人的意义，不再盲目服从于封建制度的规训。这不仅推动了欧洲社会文化进步，也在世界历史进程中留下了浓墨重彩的一笔。

人文主义者反对宗教对科学的压制，通过理性和实验来探索世界，科学开始萌芽。自然、物理、数学等学科蓬勃发展，新的科学理论涌现，迷信神谕不如普适真理更令人信服。科学原理的发现促使科学文化日趋繁荣，科学革命向前迈进。虽然文艺复兴时期的人文主义强调人的价值和尊严，但它并不排斥宗教信仰。相反，人文主义者认为宗教信仰是人类精神生活的重要组成部分，应该与人的理性和创造力相互交融。他们反对的是宗教的僵化和腐败，主张通过理性科学来解读和改革宗教。

随着人文主义的兴盛，城市建设也出现新的特点。告别漫长的中世纪，城市不再只具有防御和宗教功能，而是重新转变为商业、文化和社会交往的汇聚地。建筑师和规划师注重城市的整体布局和美学价值，广场、宫殿、教堂等成为地标，统领城市的形态秩序和几何美感。城市塑造更趋于契合人的价值需求，关注人的内心世界和情感体验。建筑和公共空间设计不再受到严格限制，而是迸发出多样形态。开放和包容的态度为城市的繁荣发展创造了良好环境，建筑师、雕塑家、画家等的作品融于公共建筑、公共空间的塑造，城市记录着当时人们对美的追求和对人性的理解。

文艺复兴的城市更加注重实用性：街道布局尺度合理，广场和公共空间的设置更加符合居民的生活需求。城市空间开放自由，便于人们的交流与活动。人们利用地形、水源等自然元素为城市增添自然景观，人工环境与自然环境相互呼应。同时，防御体系也得到加强，城墙、塔楼等不仅保障了城市安全，也成为城市景观的一部分。

意大利的许多城市在文艺复兴时期明确了空间形态特色，尤其是文艺复兴的中心——佛罗伦萨。佛罗伦萨不仅是诗歌、绘画、雕刻、建筑、音乐等的突出成就地，还孕育了许多伟大的艺术家和思想家，如诗人但丁，作家薄伽丘，建筑师布鲁内列斯基，画家乔托、波提切利、达·芬奇、拉斐尔、提香，雕刻家米开朗基罗，以及科学家伽利略和政治思想家马基雅维利等。

此时意大利的建筑艺术达到了前所未有的高度。建筑师追求更加完美、和谐的建筑比例和形式，注重对古典建筑元素的借鉴与创新。无论是教堂、宫殿还是民居，都展现出了精湛的工艺和独特的风格。特别是文艺复兴时期的教堂建筑，规模宏大、气势磅礴，内部装饰和细节处理都达到了极致，成就了许多世界建筑史上的经典之作。

以佛罗伦萨的圣母百花大教堂为例（图 2-8），该教堂有独特的红、白、绿三色大理石外观，八角形穹顶宏伟华丽，展现了对古典美学的追求与创新。教堂在形制设计上具有独创性，尽管基础架构依然遵循拉丁十字的传统布局，却勇于突破教会规则限制，将东部歌坛创造性地设计为集中式布局。内部空间开阔疏朗，西半部大厅长度近 80 米，划分为 4 个区域，柱墩间隔控制在 20 米左右，中厅跨度亦相匹配，营造出高耸宽敞的空间特色。东部平面布局中，歌坛为八边形设计，对角线距离与大厅宽度相当，东、南、北三面各向外延伸出半个八边形，强化以歌坛为核心的集中式平面布局，这一形制上的创新影响了 15 世纪后教堂建筑的发展。由于建造技术限制，上方穹顶直至 15 世纪上半叶才得以完成。主教堂西立面南侧矗立着由著名画家乔托设计的钟塔。钟塔的方形基座边长 13.7 米，高度达到 84 米，成为城市天际线中的标志性建筑。与之遥相呼应的是一座直径为 27.5 米的八边形洗礼堂，其内部由穹顶覆盖，高度超过 31 米，穹顶外部则呈现出平缓的八边形锥体形态。整个建筑群共同构成了市中心广场上一道艺术风景，特别是主教堂歌坛穹顶与钟塔，在完成之后，共同定义了城市天际线的最高点。教堂内部充满了艺术珍品，无论是壁画、雕塑还是祭坛画，都展示了当时卓越的建造技艺。

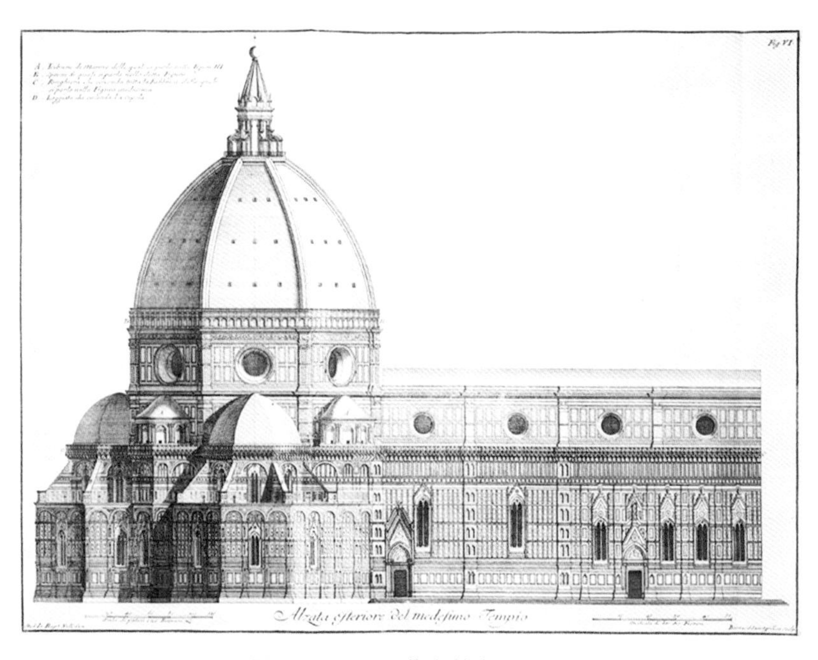

图 2-8　圣母百花大教堂立面图

此外，罗马的圣彼得大教堂也堪称典范。该教堂外观设计庄重而典雅，融合了巴洛克艺术的精髓。巨大的圆顶由米开朗基罗设计，体现出文艺复兴时期建筑技术的成就。内部富丽堂皇，布满精美的壁画、雕塑和镶嵌画等艺术品。这些作品大多出自当时最杰出的艺术家之手，无不体现艺术发展的繁荣与辉煌。文艺复兴时期的城市建设还注重城市景观的营造和美化。花园、喷泉、雕塑等景观元素得到了广泛的运用。这些景观要素不仅美化了城市环境，也为居民提供了休闲娱乐场所，为公共空间增添了更多的艺术气息。

美第奇宫是佛罗伦萨具有重要历史和文化价值的文艺复兴宫殿。该宫殿修建于1445—1460年，由著名建筑师米开罗佐·迪·巴多罗米欧（Michelozzo di Bartolomeo）为美第奇家族的科西莫·迪·乔凡尼·德·美第奇（Cosimo di Giovanni de'Medici）设计。1659年，美第奇家族将其卖给了皮卡尔迪侯爵，因此这座宫殿也被称作“美第奇-皮卡尔迪宫”。美第奇宫外观朴素，没有过多的装饰，但其粗面光边石工和琢石石工技艺精湛，为后来意大利式宫殿大理石外墙的设计开了先河。宫殿分三层，自下而上变换着大理石的砌筑工艺，使整个建筑显得低调而轻盈，充满细节美感。内部结构匀称，门窗镶边，第三层楼上装饰宽阔的古罗马式屋檐。圣堂内三面墙壁几乎全部覆盖着著名的连环壁画《三王来朝》（*Three Wise Men*），由文艺复兴大师贝诺佐·戈佐利（Benozzo Gozzoli）绘制（图2-9）。

图2-9 《三王来朝》壁画

《三王来朝》是文艺复兴时期艺术作品最常表现的主题之一。《马太福音》中详细记载了这个引人入胜的故事。 东方的智者们通过观察星象得知犹太新君将要诞生，为了能够亲眼见证这一历史时刻，他们便踏上了前往耶路撒冷的旅程。 这一情节不仅展现了人们对新君诞生的殷切期盼，也侧面反映了当时天文测算技艺高超。希律王是犹太地区的统治者，得知此事后，他命令智者们找到新君并向他禀报，以便他亲自前往拜访，试图借此机会巩固自己的统治地位。 在星宿的指引下，智者们最终在伯利恒找到了圣母马利亚和圣婴耶稣。 那颗预言了圣婴诞生地的星宿被赋予了特殊的意义，称为“伯利恒之星”。 智者们为了表达对圣母子的崇敬之意，献上了黄金、乳香等珍贵礼物。 而后，智者们在梦中接到了不要再回到希律王处的指示。 这一情节充满了神秘色彩，更为整个故事增添了温情。 最终，智者们遵从梦境的指引，选择直接返回东方。

壁画现场视觉效果立体逼真，令人沉迷。 戈佐利的《三王来朝》使用湿壁画技法,耐久性能较好。 制作时先在墙上涂一层粗灰泥，再涂上一层细灰泥，将草图绘制完成后再涂第三层更细的灰泥，形成壁画表层。 因为灰泥中水分挥发快，绘制之前的涂灰面积必须以一日的工作量为限。 除了壁画，宫殿内还收藏有其他珍贵的艺术品和文物，展示了文艺复兴时期美第奇家族的辉煌成就和卓越贡献。

那不勒斯在文艺复兴时期也有着重要的地位。 阿方索五世在征服那不勒斯后，进行了大规模的城市改造和文化建设。 他让工匠改造安茹王朝时期的统治据点——新堡，并在城堡上建造了模仿古罗马风格的凯旋门，宏伟的建筑和精细的浮雕，展现了阿方索一世坐在凯旋的马车上被前呼后拥入城的情景，以及他对家族和国家的贡献。

这座凯旋门成为那不勒斯文艺复兴的重要象征。 那不勒斯凯旋门造型华丽壮观，与周围的城堡建筑相得益彰。 凯旋门用白色大理石浮雕装饰，与周围的深色城墙形成鲜明对比，显得格外醒目。 整体结构协调，为城堡增添了威严感和庄重感。主体结构坚固，细节处理细致，门上的浮雕生动记录了阿方索一世的荣耀时刻，不仅具有极高的艺术价值，也是研究那不勒斯历史的重要史料。

文艺复兴时期，空想社会主义兴起，人们对追寻理想城市抱有极大热情。 托马斯·康帕内拉（Tommaso Campanella）（图 2-10）是文艺复兴时期的意大利空想社会主义者，他反对经院式的亚里士多德主义和对权威的偶像崇拜，呼吁人们应该直接研究自然这部“活书”。 在他的代表作《太阳城》中，描绘了人居社会的乌托邦场景。

图 2-10　康帕内拉像

在太阳城，民众是社会的公仆，艺术、劳动、工作由民众分担。工作根据每个人的爱好进行分配，因此人们工作起来心情舒畅、认真负责。生产由专业人员照管，符合社会需要。产品交公共仓库成为公共财产，没有私有制，民众每天劳动 4 小时，其余时间进行学习和体育活动。民众住在公共住宅里，6 个月轮换一次，在公共食堂吃饭。任何劳动都受到尊重，最受尊重的是手工艺术高超的人。公有制使人爱护公物，消除自私产生的一切弊病。

尽管太阳城永远不可能实现，但人们对理想城市社会的追寻却从未休止。文艺复兴后期，英国空想社会主义者托马斯·莫尔（Thomas More）撰写了著作《乌托邦》，虚构了理想国度的样貌，通过建构完美的社会模式来解决现实社会中的种种问题。法国作家巴托洛梅奥·德尔·贝内（Bartolomeo Del Bene）在一首寓言诗中，描绘了想象中的乌托邦和反乌托邦的形象。他认为，理想的城市就是“真理之城”（图 2-11），君主制度应受到批判，并指出法律在君主制度下成为保障贵族与富豪阶级利益、压榨人民的工具。

虽然理想化的社会模型难以在现实中复现，但无论是莫尔的乌托邦，还是康帕内拉的太阳城，都成为空想社会主义的物理空间雏形。文艺复兴运动与人文主义思想紧密相连，共同塑造了文艺复兴时期欧洲城市的空间形态和文化特征，也畅想了未来城乡社会的美好图景。人文主义的核心思想——摒弃唯神主义、重视人的价值、推崇理性思维等，在城市建设的理论和实践中得到了充分的发挥。

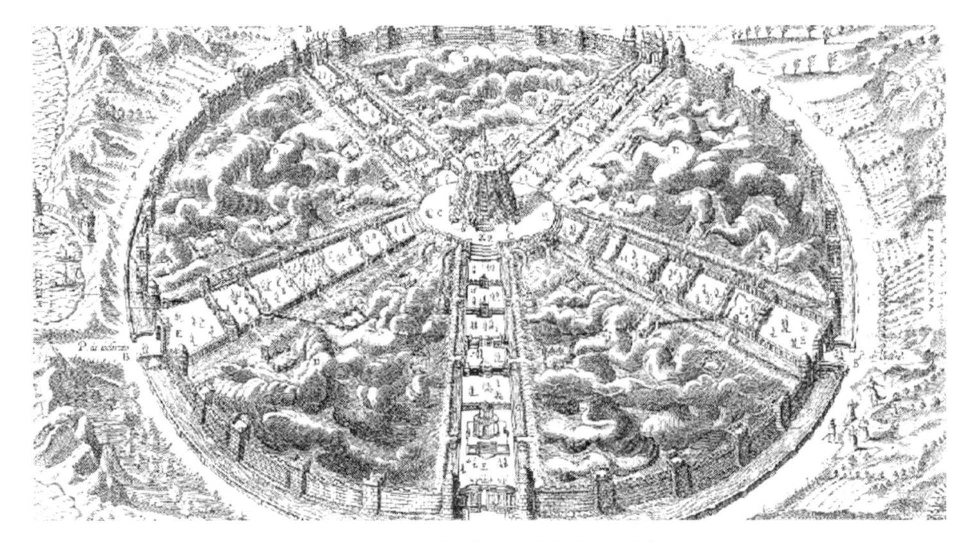

图 2-11 乌托邦式的“真理之城”

2.3 历史车轮的轰响

18 世纪 60 年代，工业革命爆发。工业革命带来了新的生产技术，也改变了人们的生产生活，重塑了人类社会形态，城市发展面临着一系列新的挑战。

工业革命深刻地改变了城市用地的方式。为了适应大型工厂的建设，城市必须开发出新的工业用地区域，城市用地规模在这一过程中得以扩张。从中世纪延续至工业革命后期的圈地运动，使统治阶级对土地持续私有化，大量农民失去赖以生存的家园。失地农民被迫涌入城市，寻求新的生存机会，成为城市劳动力市场中自由流动的无产者。虽然此时的工业城市因此获得了充足的劳动力资源，但也催生了贫民窟的形成、人居环境的恶化、犯罪率的升高等问题。这些问题的出现，不仅加剧了城市的社会矛盾，也对城市环境的可持续发展构成威胁。生产方式的工业化转变引发城市社会结构分层明显，刺激了城市新功能和新需求的产生。城市不仅需要解决大量产业工人的居住困境，还需要加强城市人居环境建设，以有效应对日益尖锐的社会问题。一系列的变革和挑战，要求城市在规划和设计上必须具备更强的人文性和科学性。

为了节约城市用地，降低居住成本，19 世纪的英国开始盛行“背靠背住宅”，一种主要为产业工人提供的廉价住房（图 2-12）。“背靠背住宅”是指两排房屋紧密相邻，共享一道后墙的居住建筑。 通常每隔 3 米左右便会复制同样的结构，形成独特的居住建筑排列。

图 2-12　1889 年的伯明翰“背靠背住宅”

（索斯比学会）

“背靠背住宅”起源于英国巴斯的皇家新月楼和圆形广场的联排住宅，是 17 世纪 30 年代从意大利引入英国的住宅样式。 联排住宅的特点是一长串房屋紧密相连，每户与相邻住户共享墙壁，其建筑形式不仅节省空间，还增强了房屋的结构稳定性。 随着地形的变化，联排住宅有时会呈现出弯月形布局。 到了 18 世纪，联排住宅逐渐成为英国城镇豪宅的主流形式，联排豪宅外观华丽，装饰有罗马式圆柱和精美雕刻。 然而，随着工业革命的到来和城镇化进程的加速，19 世纪的英国各大城镇开始普遍建设更为朴素的联排住宅，即“背靠背住宅”，以适应大量工人阶级的居住需求。“背靠背住宅”作为联排住宅的一种变体，继承了联排住宅节省空间和结构稳定的优点，且通过共享后墙的方式进一步提高了土地的利用效率，为当时迅速增长的城市人口提供了相对经济适用的居住方案。

“背靠背住宅”一般仅有一间房的进深，没有后门和后窗，通风、采光条件较差，居民出入也十分不便。 由于空间布局限制，无法在每户内单独设置厕所，只能在底层隔几户建造一个公用厕所。 这种住宅虽然节约了空间，使土地利用紧凑集中，但其提供的生活品质却极其低下。 与通风住宅遍布的城市区域相比，居住在“背靠背住宅”里的人口死亡率更高，婴儿出生时的预期寿命更短。 居高不下的居住密度、无法保障的生活设施、狭窄有限的活动空间伴随污浊的空气，使“背靠背住宅”成为滋生瘟疫和流行病的温床。

1848 年，英国政府颁布了《公共卫生法》，对住宅建筑设计提出了通风要求，明确规定所有住宅必须确保良好的通风条件，且住宅后面必须留有开敞空间。《公共卫生法》使社会大众对公共卫生和居住环境品质日益关注。 19 世纪 80 年代，人们对空气清洁和住宅通风的认识进一步深化，城市居民开始意识到，呼吸清洁的空气是维护卫生的重要原则。 既要保持空气不受到积聚废弃物的污染，更要确保住宅内部良好的通风条件，使住宅内外空气能够自由流动。《公共卫生法》使住宅建筑设计向着良好的通风采光方向发展，无形中也促进了城市规划中绿地和开敞空间的合理配置。 该法令的施行，改善了城市居民的居住环境和生活质量，在一定程度上预防了疾病的传播，提高了社会的整体健康水平。

在工业革命的推动下，城市规模及数量的增长呈现出前所未有的速度。 工业对劳动力的旺盛需求以及对规模经济的追求，共同驱动着城市边界向着更广袤的土地迈进。 新兴工业城市不断崛起，既有城镇也在持续扩张。 产品的市场销售需求成为促进大型城市中心合并的关键因素，从而刺激了水运和铁路交通的迅速升级。 新兴的交通方式有效地连接了已有城市枢纽，在广阔的地域范围内萌生了新的交通节点，建构起庞大复杂的商品销售网络。 销售网络的形成进一步促进了商品流通和市场拓展，为城市的繁荣和发展奠定了基础。

城市增长与工业革命带来的社会变革紧密相连。 伴随着机械的轰响，工业发展改变了经济格局，城镇化速率空前提高。 工厂的选址既影响城市的地理空间布局，又在很大程度上决定了城市的功能定位和发展方向。 作为工业革命的发源地，英国清晰地展现了大规模工业资本主义发展的各个阶段。 工业革命初期，英国的工业投资主要集中于乡村地区。 工厂的设立往往考虑到煤炭等重要原料的获取，以及劳动力的丰富程度。 因此，中小城镇经历了前所未有的崛起，诸如曼彻斯特、伯明翰和利物浦等工业城镇，都在此时崭露头角。 这些城镇因工业革命而获得持久的发展动力，至今仍是英国的重要城市。 英国工业革命的影响扩散至欧洲大陆，催生了法国里昂、德国鲁尔地区等代表性的工业区域。 在美国，早期的工厂工业化集中在东北部，如纽约、波士顿、伍斯特等，主要依托东海岸的港口发展。 随着时间的推移，工厂开始从城市迁移到乡村地区。

随着各国工业城镇的建立，空间形态经历了从乡村到城市的变革，也伴随着挑战与矛盾。 环境成为首要突出问题，继而引发社会隔阂与对立。 大量人口的涌入使得原有落后的基础设施不堪重负，环境持续恶化，噪声严重，污染物排放激增，对生态环境造成了严重影响。

环境问题的最终承受者仍是底层工人。工作场地的巨大噪声、居住条件的拥挤污浊，使得工人的生产生活品质极其低下。工厂主阶级的逐步形成，更加剧了资产阶级与无产阶级之间的对立，阶级矛盾在城镇快速发展中凸显。

此外，土地投机的严重化也是这一时期城镇发展的重要问题。土地投机行为引发对土地所有权的争夺，虽然在客观上促进了土地资源的集中，为工业发展繁荣创造了有利条件，但也进一步激化了社会矛盾，扰动了城市社会稳定。在多重因素的叠加下，城市问题变得极度尖锐。各国政府采取了积极措施应对城市卫生环境和社会矛盾等问题。以英国为例，政府开展了城市生活状态调查，通过立法保障卫生条件，带来现代城市规划的萌芽。其他主要工业城市内部也展开了旧城改造、贫民窟改造等行动，重塑城市结构，使其焕发出生机活力。

与此同时，人们也对理想城市模式进行了更深层次的探索和实践。罗伯特·欧文（Robert Owen）的“新协和村”、查尔斯·傅立叶（Charles Fourier）的“法郎吉”等空想社会主义观点，提出了对城市布局、配置、运营的社会性思考。

欧文是19世纪初期的英国空想社会主义者。他深感资本主义社会的弊端，尤其是贫富差距的扩大和劳动者的不公待遇，为了寻求更公正、更和谐的社会模式，他进行了多次社会试验。“新协和村”（图2-13）是欧文继新兰纳克纺织厂试验成功之后，选择的第二个探索“自由共产主义”社会模式的试验场。“新协和村”每村为300～1500人或500～2000人，村中央是公用食堂、公用厨房、学校、会堂等公共建筑，四周是住宅、医院、招待所，周围是花园绿地，外围则是工厂、饲养厂、食品加工厂、农田和牧场。这种设计的意图在于消除贫富差距，提倡劳动者平等参与和协作，可持续利用环境资源。欧文希望通过“新协和村”的实践，达成对于理想社会的构想。

1825年，欧文买下了美国印第安纳州沃巴什河畔的一个小镇，开始“新协和村”的建设。欧文尝试了各种社会改革措施，如将纺织厂所获得的利润尽可能地用做“新协和村”的公益建设，使村民能够身心愉快地工作，自由而民主地发表意见，人人都拥有平等的政治权利和责任。然而，“新协和村”的实际运行并非一帆风顺，不久便面临着资金短缺、社会矛盾及对传统社会结构的冲击等问题。现实的考验使“新协和村”并未实现欧文的初衷，两年后宣告破产。直至今天，曾经的“新协和村”小镇依然存在，尽管经济构成和管理方式已经彻底改变，但人们仍可窥见当时“新协和村”的场景（图2-14）。

图 2-13 “新协和村”想象图

图 2-14 今天的“新协和村”小镇

傅立叶提出的“法郎吉”是空想社会主义理论中的核心概念，代表了未来和谐社会的基层社会组织形式。“法郎吉”一词源于希腊文，意为“严整的方阵”（图 2-15）。在《经济的和协作的新世界》中，傅立叶阐述了他的设想，每个“法郎吉”由 1620

人组成，这是一个相对固定的规模。劳动者和资本家都可以将自己的资本入股，但人人都必须参加劳动。总收入以劳动、资本、才能三者为标准，按一定比例进行分配，从而消除阶级对立，实现社会公平。“法郎吉”是一个工农合一、城乡合一的统一体，以农业为主，兼营工业，城乡和工农不再有差别。“法郎吉”内部设有中心区，包括食堂、商店、俱乐部、图书馆等设施，以及工厂区和生活住宅区。

图 2-15 傅立叶和他的“法郎吉”

（摩西·霍布斯）

在“法郎吉”内，人人平等，共同工作，一起享受劳动成果，儿童从小接受良好的劳动、智力和审美教育，男女完全平等地参加生产劳动和社会活动。资金采用入股方式筹集，居民可以将自己的土地、房屋、生产工具折价入股。资金可以自由流动，居民有继承权和赠送权，也可以买卖股份。尽管傅立叶对“法郎吉”进行了详细的设想和规划，但在实践中却遭遇了挫折。1832 年，傅立叶尝试组建一个“法郎吉”，但不到一年即宣告破产。此后，美国等地也出现了组织“法郎吉”的试验热，但均未能成功。这些失败的根本原因在于，“法郎吉”不废除私有制，否定阶级斗争和暴力革命，而主张用宣传、示范等手段来实现理想社会。

19 世纪末，英国城市学家、社会活动家埃比尼泽·霍华德（Ebenezer Howard）在空想社会主义的基础上，提出一种城市发展的新模式，即著名的“田园城市”模式。田园城市是将人类社区包围于田地或花园的区域之中，平衡住宅、工业和农业区域比例，构建人工环境与自然环境和谐共生的城乡形态。在 1898 年出版的《明日：真正改革的和平之路》一书中，霍华德设想的田园城市是在 2400 公顷的土地上安置 32000 个居民，城市呈同心圆布置，设有开放空间、公园和 6 条 37 米宽的放射状林荫大道。 田园城市自给自足，当人口达到 32000 人时，就在附近新建一座田园城市（图 2-16）。 霍华德还设想了以容纳 58000 人的大型田园城市为主城、多个田园城市为卫星城的田园城市群，即社会城市，各田园城市之间用公路和铁路连接。

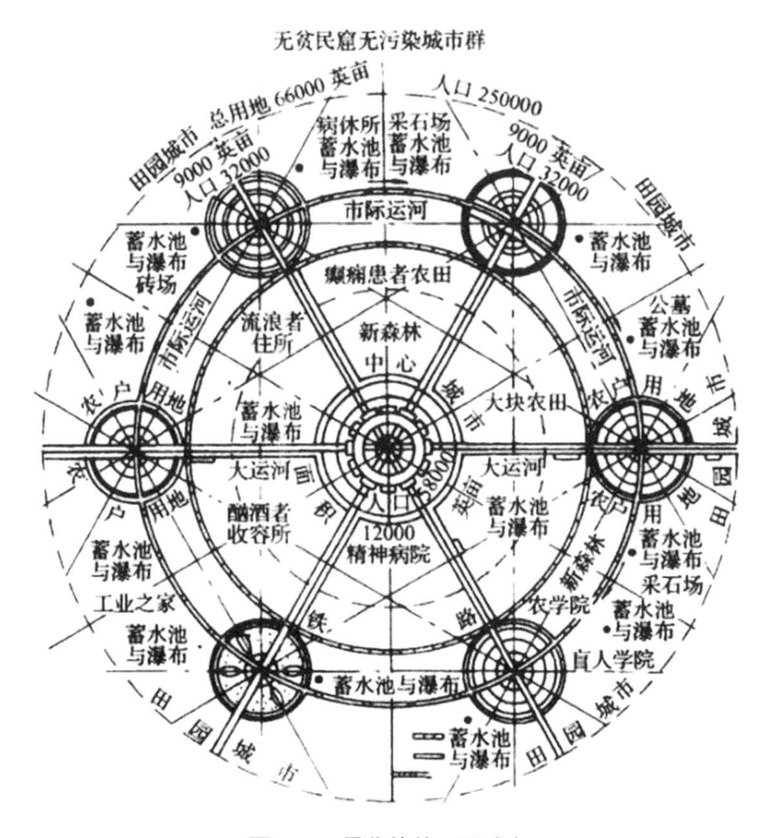

图 2-16　霍华德的田园城市

在田园城市及田园城市群中，自然景观得到保护，城市建设与田园环境相融合，人们能极为方便地接近乡村，享受乡村的清新空气和自然环境。 所有土地归全体居民集体所有，使用土地必须缴付租金，城市的收入全部来自租金，土地增值归集体所有。 1903 年和 1920 年，霍华德和田园城市协会分别建立了列曲沃斯花园城市和威尔温花园城市，作为田园城市的试验性建设。 这两个城市虽然没有完全体现设计意图，但是直到今天，它们依然健康存在，依稀可辨霍华德当年的田园城市构想（图 2-17）。

图 2-17 今天的威尔温城

（新城市主义学会）

当工业革命的影响向着世界范围扩散，多国城市建设呈现出新的态势。广大亚非拉地区作为欧洲资本主义原始积累的重要场所，逐渐成为资本殖民扩张的新领地。在宗主国强烈的政治干预和经济介入下，一些亚非拉地区的城市建设展现出与宗主国资本主义城市相似的特征。

在城市平面布局上，部分被殖民城市采用简单的方格网系统进行骨架建构。这种布局方式便于快速拓展，但往往与地形条件并不吻合，影响了城市传统风貌特色的保留。城市建设管理的松散，以及对房屋建设缺乏必要的规划引导，导致城市发展过程中出现了诸多乱象，如建筑风格混乱、城市环境恶化等。此外，一些被殖民城市发展缺乏长远预测，对人口规模和用地规模估计不足，也是这一时期亚非拉城市建设的重要问题。由于未能充分考虑城市未来需求，许多城市在建设过程中遭遇了严重的瓶颈，如基础设施落后、公共服务低下等。印度的加尔各答、埃及的开罗及新加坡等，都在不同程度上体现了上述特征。

工业革命为人类社会经济带来了翻天覆地的变化，为城市发展注入了前所未有的工业动力。迅猛的变革浪潮对传统城市建设方式提出挑战。城市迈向现代化、工业化的新征程，而城市规划管理也需要面向更大规模、更多功能、更加复杂的新城市。 正是在这种背景下，现代城市规划理论应运发展，不仅用于解决工业革命带来的弊端，更在深层次上带来了城市规划理论与实践的革新。 通过科学的规划方法和技术手段，城市管理者和设计者得以有效地引导城市拥抱这种变革，向着更加宜居、更加人文、更加可持续的方向发展。

2.4 现代城市人文性探索

进入 20 世纪后，全球经济发展和城镇化进程加快，城市建设进入一个新的阶段。 1933 年，国际现代建筑协会在雅典会议上制定了一份关于城市规划的纲领性文件，即《雅典宪章》(《城市规划大纲》)，为 20 世纪的现代城市规划指明了最初的方向。

工业化使城市面临挑战，对于当时大多数城市无计划、无秩序发展过程中出现的问题，尤其是工业和居住混杂导致的严重卫生问题、交通问题和居住环境问题，《雅典宪章》试图通过科学的城市规划手段予以解决。《雅典宪章》明确提出城市的四大功能，即居住、工作、游憩与交通，明确了现代城市规划的基本任务框架。 城市中广大人民的利益是城市规划的基础，正如《雅典宪章》中指出的，“人的需要和以人为出发点的价值衡量是一切建设工作成功的关键”。 为保障现代城市的人文化发展，《雅典宪章》提出必须制定法律来保障规划实施。

《雅典宪章》的主要倡导者是建筑师勒 · 柯布西耶（Le Corbusier）。 柯布西耶是现代建筑运动的激进分子和主将、现代主义建筑的主要倡导者、机器美学的重要奠基人、功能主义建筑的泰斗，被称为“功能主义之父”（图 2-18）。

1887 年，柯布西耶出生于瑞士拉绍德封的一个钟表工人家庭。 他自幼对美术感兴趣，展现出极高的艺术天赋。 成年后，他先后到布达佩斯和巴黎学习建筑，期间受到多位著名建筑师的影响，逐渐形成了自己的建筑理念。 在职业生涯中，柯布西耶致力于改革现代建筑设计，提出了激进的、具有革新性的建筑理论和设计方法。他认为“建筑是机器”，应该具有高效性、功能性和普适性。 他的代表作品包括朗香教堂（图 2-19）、萨伏伊别墅、马赛公寓等。 柯布西耶不遗余力地贯彻他的现代主义建筑理念，运用简单的几何形体和工业化的建造方法，体现机器美学特点，也成就了现代主义建筑史上的一系列经典作品。

图 2-18　勒・柯布西耶

（迈克・斯玛）

图 2-19　朗香教堂

在著作《光辉城市》中，柯布西耶基于对 20 世纪初城市发展规律和城市社会问题的思考，提出了城市发展模式的设想，即“现代城市”设想（图 2-20）。他提出对现存城市，尤其是大城市的内部进行改造，使其能够适应未来发展的需要。改造内容包括进行合理的交通规划和道路设计，以缓解市中心的交通压力，减少市中心的拥堵；增加市中心的商业和居住密度，以满足日益增长的城市人口和商业活动需求；推广现代化交通运输方式，如地铁、汽车、电车、飞机等，以提高交通运输效率；增加绿地和开敞空间面积，以改善城市生态环境，提高居民生活质量。《光辉城市》集中体现了柯布西耶在城市规划领域的探索。

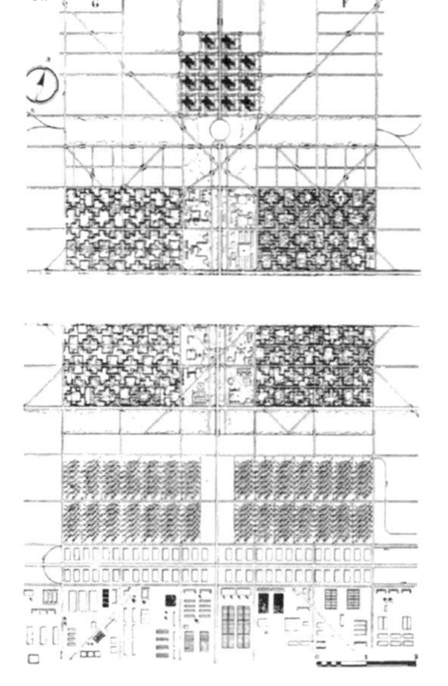

图 2-20　柯布西耶的“现代城市”设想

柯布西耶按照他的规划理念在昌迪加尔进行了设计实践。 昌迪加尔是印度第七大城市，也是印度主要的工业和制造业中心。 整个城市位于喜马拉雅山南麓干旱平原上，由中央政府直接管辖，同时兼任旁遮普邦及哈里亚纳邦两个邦的首府。 20 世纪 50 年代初，印度政府决定在新德里以北 240 千米处兴建新的首府，邀请柯布西耶担任总规划师。 柯布西耶以“建筑是机器”的思想为基础，将他的现代主义理念投射到昌迪加尔的建设上。 他把城市划分为多个大小相等的网格单元，每个单元都是一个独立区域，建造居住、商业、教育和医疗设施，形成自给自足的社区。 宽敞的道路将这些社区连接在一起，构建有序而清晰的交通系统。 建筑风格充分体现简约性、功能性和抽象性，强调建筑的本质。 色调多为灰白，显现出整齐、简洁、一目了然的现代主义风格，曲线和直线互相协调（图 2-21）。

昌迪加尔规划在当时取得了巨大反响，但也面临各种各样的质疑，如过长的道路和教条的分区导致居民出行不便、生活圈过于机械等。 尽管昌迪加尔的规划设计

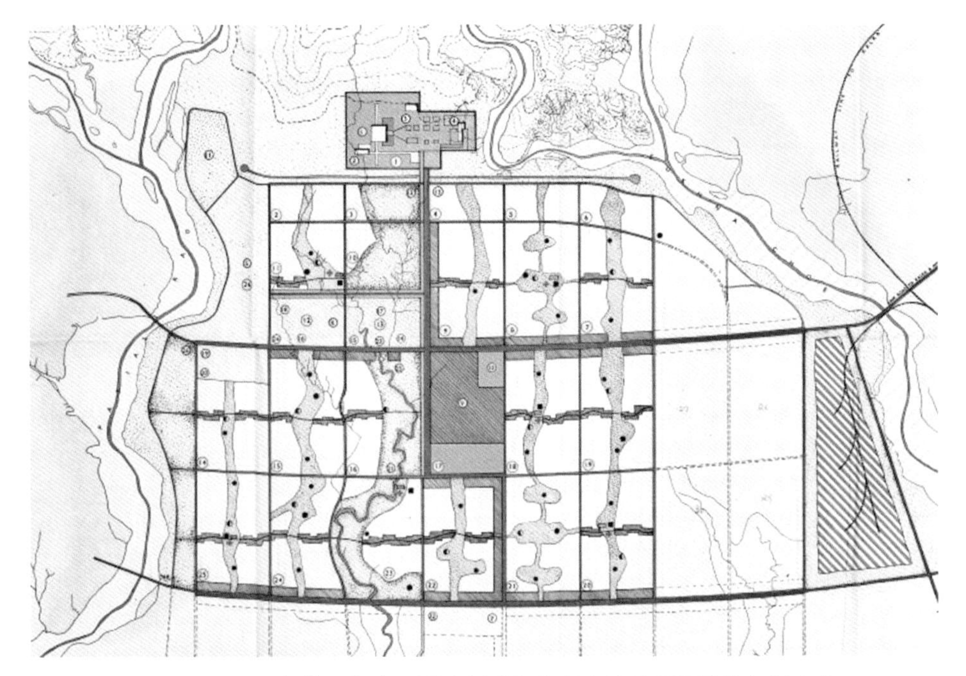

图 2-21　1951 年勒·柯布西耶为昌迪加尔新旁遮普邦设计的规划方案

有毁有誉，但其功能分区、以人为本等手法成为现代城市规划的基本原则之一。柯布西耶主导的《雅典宪章》凸显了城市规划的科学性和人文性，阐释了城市功能分区、交通规划、历史保护等一系列重要理念。

在《雅典宪章》颁布的同年，德国城市地理学家瓦尔特·克里斯塔勒（Walter Christaller）提出了中心地理论（图 2-22）。中心地理论是西方马克思主义地理学的建立基础，探讨区域内各中心地的分布及其相对规模，以及中心地如何为周围地区提供商品和服务。所谓中心地，是指向居住在周围地区，尤其是乡村地区的居民提供商品和服务的地方。根据提供的商品和服务种类及范围，中心地可分为高级中心地、中级中心地和低级中心地。高级中心地提供的商品和服务种类多、范围广，而低级中心地则相反。在中心地内生产的商品与提供的服务构成了中心地职能。一个地点的中心性可以理解为一个地点对周围地区的相对意义的总和，即中心地所起的中心职能的大小。如何去判断中心职能的大小呢？克里斯塔勒曾用城镇的电话门数作为衡量中心职能大小的主要指标。

通过对德国南部城镇的调查，克里斯塔勒认为中心地的数量和分布与中心地的等级高低成反比，服务范围与等级高低成正比。等级越高的中心地数量越少，分布越集中，服务范围越大，服务能力越强；等级越低的中心地数量越多，分布越分

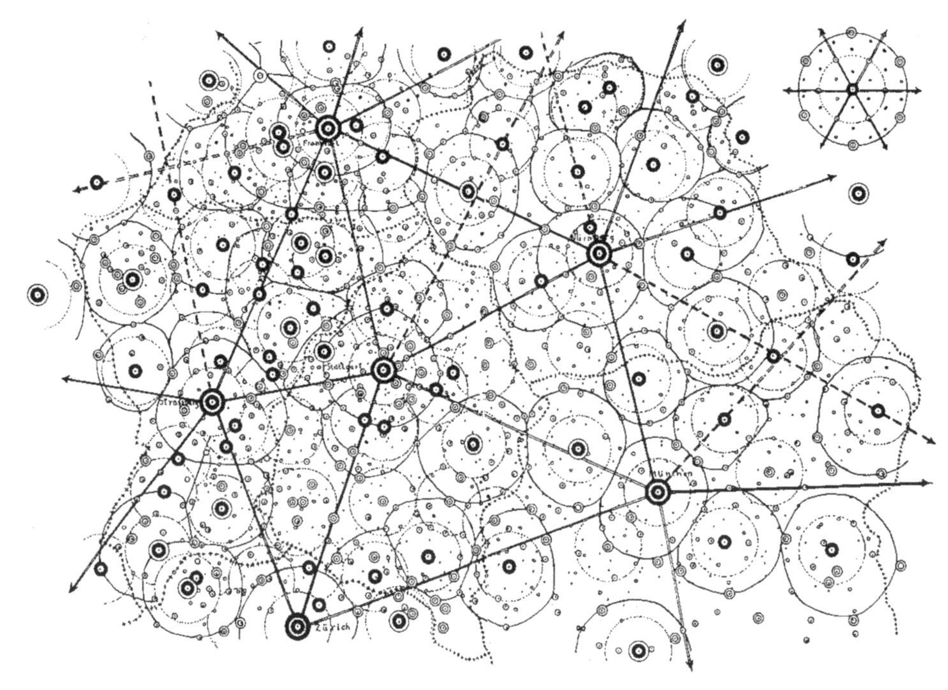

图 2-22　中心地理论模型

散，服务范围越小，服务能力越弱。中心地体系包括中心地的数目、商品和服务辐射区域的数目、商品和服务辐射区域的半径和面积等。一个较大的中心地总是包含三个比它低一级的中心地，每个较高级的中心地包含低级中心地的所有职能。假定某个区域的人口分布是均匀的，那么为满足中心性需要，就会形成中心地区位的六边形网络。在德国一些商业网点布局中，同级商业网点的服务范围确实大致呈现为正六边形，一定程度上印证了克里斯塔勒的观点。中心地理论可用于指导区域公共服务设施和其他经济、社会职能的合理布局。但是，中心地理论以许多假设条件为前提，如人口分布均匀、交通网络分布均匀等，这些假设在现实中往往难以实现。

从古希腊时期的城市规划开始，人们就展现出了对运动、透视和空间的复杂理解能力。随着人们对建筑构造和材料种类认识的不断提升，20 世纪的建筑形式日趋多样。这使城市具有设计可读性，注重人性化和一定的宏伟感，反映了负责建设的强大个人、派系、政府等的主导地位。虽然对于普通民众来说，建设环境可能产生糟糕的社会经济条件，但整个城市仍然是保护和创造文明生活的宝库。

第二次世界大战结束以后，许多城市遭受了严重的破坏，人们开始重新审视如何进行更符合当下标准的城市规划和建设，让城市兼具经济性、社会性和可持续性。为了塑造更符合现实需求的城市，当时的规划趋向以人为本，促进生活质量和幸福感提升；注重可持续发展，平衡物质空间建造与环境保护、历史文化传承等的关系；建筑设计更具有功能性、理性和简洁性，舍弃不必要的装饰，追求与环境的和谐共处。

由于城市规模的扩大和城市人口增长，加之汽车产业快速发展，城市交通问题开始凸显。人们认识到交通体系的重要性，政府和规划从业者重新构建公共交通、轨道交通、自行车道、步行道等多种类型的城市交通体系。老旧建筑和基础设施逐步更新，带动城市环境的整体提质，通过旧城改造、贫民窟改造、工业区改造等措施，提升居住环境。

以鹿特丹市为例。鹿特丹是荷兰第二大城市，也是欧洲最大的海港，位于南荷兰省马斯河畔，是莱茵河与马斯河汇合处的重要城市。第二次世界大战期间，鹿特丹遭到严重破坏，大轰炸之后城市几乎被夷为平地。鹿特丹的城市更新特点是彻底重塑城市景观，遵循现代主义建筑设计原则和创新的城市规划原则。关键举措包括大规模重建中央商务区，引入高层建筑和创造新的公共空间。圣劳伦斯大教堂、伊拉斯谟桥、方块屋（Cube House）等标志性建筑的建设，反映了鹿特丹改造城市结构、拥抱当代建筑趋势的信念，以及致力于打造一个充满活力、具有前瞻性的国际化港口城市的决心。

20 世纪 60 年代，鹿特丹市政府进行大规模的重建和规划工作。在规划过程中，政府和规划师寻求城市功能的合理布局和现代化设施的建设，通过大规模公路建设带动旧城更新，以适应发展需要。作为港口城市，鹿特丹持续加大港口建设，优化港口吞吐能力和现代化水平，开发旧港口旅游休憩功能。凭借港口优势，鹿特丹吸引了国内外企业在港区投资。市政府主持建设了大量的住宅、办公楼、商业中心、文化设施等，提高城市居民的居住环境和生活质量。此外，市政府还注重城市交通的发展，建设了便捷的公共交通系统，方便市民的出行。

20 世纪 70 年代，鹿特丹的城市更新运动迅速发展，但也出现了一些质疑。快速的重建节奏和对现代主义美学的追捧，使部分地区人口迁出，改变了城市的历史特征。大型基础设施项目的高密度开发，引发了人们对社会凝聚力和当地特色保护的担忧。城市更新带来的环境影响、可持续性和绿色空间整合等问题，使人们持续讨论现代发展与自然环境平衡议题。人们认为，网格状的大尺度道路系统损坏了原有的城市风貌，过于依赖机动车的城市空间排斥了适宜人尺度下的慢行需求。如何应对这些挑战，是鹿特丹持续加强其城市更新战略的重要组成部分。为培育更具包容性和可持续性的城市环境，保留城市的活力特征，人文主义思想重新被纳入城市建设理念，寻求空间理性和人文感性的融合。鹿特丹市在重建与发展过程中，在推崇以人为本的城市建设理念基础上，重新寻找城市规划、港口发展、工业和服务业发展、文化传承之间的连接点，从第二次世界大战后的阴霾中走出来（图 2-23）。

图 2-23　鹿特丹风光

（富朗斯·布洛克）

第二次世界大战后许多城市的更新与重建实践，为现代城市规划设计提供了论证案例。1977 年，国际建筑协会在秘鲁大学建筑与规划系学生的见证下，在秘鲁首都利马签署了《马丘比丘宪章》。

《马丘比丘宪章》是在《雅典宪章》的基础上进行的修正和发展，更加强调人的需要，强调解决社会问题在城市规划中的重要性。其以《雅典宪章》为出发点，总结了近半个世纪以来，尤其是第二次世界大战后城市发展和城市规划思想理论的演变，并提出了新的观点和原则。

在城市与区域层面，《马丘比丘宪章》提出城市规划应反映城市与其周围区域之间基本的动态统一性，明确邻里与邻里之间、地区与地区之间，以及其他城市结构单元之间的功能关系。城市规划过程应涉及经济计划、城市规划、城市设计和建筑设计，并建立在各专业设计人员、城市居民及公众、政府之间的互相协作配合上。

在城市增长层面，《马丘比丘宪章》批评了《雅典宪章》中为了追求功能分区清晰而牺牲城市有机构成的做法，提出不应把城市当作一系列的功能组成部分简单拼贴，而应努力创造综合的、多功能的空间环境。

在住房层面，《马丘比丘宪章》提出人的相互作用与交往是城市存在的基本根据，城市规划与住房设计必须反映这一现实。住房设计应具有灵活性，以适应社会要求的变化，鼓励建筑使用者创造性地参与设计。

在交通运输层面，《马丘比丘宪章》修改了《雅典宪章》把私人汽车看作现代交通主要因素的观点，提出公共交通是城市发展规划和城市增长的基本要素，未来城区交通政策应使私人汽车从属于公共运输系统。

在自然资源与环境污染层面，《马丘比丘宪章》分析了环境污染的严峻性，呼吁在城市规划、建筑设计、工程标准规范、规划与开发政策上采取紧急措施，防止环境继续恶化。

在文物遗产保护及其他层面，《马丘比丘宪章》提出城市的特性取决于城市的体量结构和社会特征，我们不仅要维护好城市的历史遗址和古迹，还要继承文化传统。另外，技术的扩散与有效应用是时代的重大问题，但技术是手段而不是目的，其应用要基于政府支持的研究和试验。区域与城市规划是一种动态工程，应包括规划制定及实施的全过程。

《马丘比丘宪章》是对《雅典宪章》的批判、继承和发展，其关注人与城市的关系、城市的动态性、规划的综合性、公众参与等问题，新的观点和原则为现代城市规划提供了全面指引。

20 世纪末的城市建设强调在规划和管理中，以社会人群的当代需求为导向，重视居民的生活品质和社会的文明发展。城市规划倾向于提供满足需求的物理空间和服务设施，包括便捷的交通系统、充足的公共空间、绿地和娱乐设施，以及优质的居住环境。随着大众环境保护意识的提升，可持续性发展策略在这一时期显得尤为重要，包括推广绿色建筑、增强能源效率、保护自然环境和生态系统等。通过当代城市规划和城市政策，减少社会隔离和经济失衡，提供公平的住房机会，促进社区多样性，加强社会凝聚力。

现代城市的结构和布局与其历史发展存在必然关联。19 世纪和 20 世纪的工业技术给大多数城市留下了不可磨灭的印记。或许最明显和最根本的变化是由机动车造成的，机动车使人们远离了历史城镇景观，从而损害城市作为文明场所的地位。而今，城市的人文性不仅作用在物质空间的布局层面，城市如何满足人的生理、心理需求，促进文化传承，实现地球资源的可持续发展等也都是热点议题。人们关注的城市设计基本要素——体量、空间、地点和行人运动之间的关系，在现代城市规划背景下不再像传统设计中那样明确。当代人文主义将人本需求放在重要地位，城市应该通过建设便捷的交通网络、完善的公共服务设施、优美的绿化景观等，提供舒适、安全、便利的生活空间。

人性化城市涵盖了满足人文价值的各项元素，如适应人类基本需求的城市环境、健康安全的工作岗位、提供教育和文化机会、体现社会文化和艺术的历史遗产、培养各种人际关系的可能，等等。在人文主义的视角下，城市不只是钢筋、水泥的堆砌，更是历史的见证、文化的载体和居民情感的寄托。规划师、设计师、建筑师和政府决策者在设计和建设城市时，需充分考虑城市的文脉传统和居民愿景。在发展的同时保留历史建筑和文化遗产，尊重历史文脉，将传统与现代融合发展。历史文化遗产是当代城市独特性和魅力的重要来源，人文主义需将历史文化遗产的保护和传承视为城市建设目标之一。城市更新与改造应尊重保留具有原真性和历史价值的建筑、街区和景观，融入现代功能，实现活化利用。作为多元文化的交汇点，城市应鼓励不同文化间的交流共融，通过建设文化设施、保护文化多样性等措施，促进多元文化的相互包容和尊重。此外，地球资源日益受到侵蚀，城市可持续发展已成为一项重要议题，应在城市规划中充分考虑资源节约、环境保护和生态平衡。采用绿色建筑、推广可再生能源、实施垃圾分类等措施，减少城市对环境的影响。

城市的人文性探索已经跨越了千年。以人为本、传承文化、促进交流、永续利用等理念贯穿人类城市建设始终。今天的人性城市内涵更多元，要素更复杂，如何建构既具有现代气息又充满人文关怀的当代城市，使人们享受美好城市生活，是一个历久弥新的议题。

3

哲学之思：从主体性到空间社会学

主体性作为哲学和心理学概念,是人在实践过程中表现出来的能力和作用,包含人的自主、能动、自由、有目的的活动等。人在心理过程和行为活动中有自身的独特性,尊重人的主体性,承认人作为个体的相互差异,是定义“人”与“人文性”的基础。在探讨人的心理和行为时,主体性理论认同人作为个体的主观能动性,涵盖意识活动、实践活动、情感体验等多个维度,由此洞察人作为个体层面的心理现象,准确把握人与世界的关系,为人类的生存和发展提供更有效的支持。

社会学是面向人群的科学。在社会学中,空间不仅是一个物理概念,更是一个社会概念。空间是社会建构的组成部分,是社会存在的基石,是承载人类群体活动,构成社会关系、社会结构及社会变迁的载体。人群在社会空间中的位置和移动揭示了社会的特征和规律。因此,对空间的研究可视为理解人的主体价值、阐明社会群体现象、探索社会发展规律的关键途径,引导空间建设向着人文性推进。

3.1 人文性与主体性

人作为主体和人的主体性历来是哲学研究的核心问题之一。哲学探寻人存在的依据,从人作为主体的性质出发来认识人与世界的关系。人的主体性意味着人具有自主性和能动性,是人性高层次、高水平的表现,体现在人在其对象性关系和行为中的“为我”倾向、自为性,以及自律和他律的统一。

人作为主体并不在于其是一个实体性的人,而在于其在与世界的关系中处于一种能动性的地位。如果失去了能动性的地位和对世界的积极主动的关系,人尽管还是人,但却不会是主体。由此可见,主体性并不是一个实体性的范畴,而是一个描述价值关系的范畴。

主体性的阐明需要一定的历史过程。人作为主体及人的主体性认识,因具体的历史条件不同而不同。在古代哲学时期,人无论是基于社会历史条件,还是基于对自身的认识,都不可能达到对主体性的自觉阐明。人类文明的早期阶段,当人寻求自己存在的依据时,常把目光投向人以外的世界,而非把自身看作与世界不同的存在,以自身为依据来说明人与世界的关系。彼时人们认为人并不必然地就是“主体”,单纯从实体层面无法说明人作为主体的原因。

进入古代社会，人类高度的群体活动方式使社会呈现为无主体状态，人作为主体的地位及人的主体性都没有得到充分的展现。古希腊哲学有“人物同源同性”的论点，但是，人是物质和精神的统一体，人具有区别于其他自然物的意识与思想。只从实体和属性的视角来界定人，就抹杀了人的特殊性，把人作为物来处理，这也解释了古希腊“人物同源同性”思想的由来。

古希腊哲学家亚里士多德首先提出使用“主体”来描述对象，但这里的主体并不是专指人，任何实体都可以作为主体而存在。正因为主体和人并不直接统一，在古希腊哲学中也就没有专门面向人类能动创造性的主体性概念，主体和主体性的关系被实体和属性的关系覆盖。

在亚里士多德的哲学体系中，主体是一个核心概念，指最主要、第一位、最重要的被陈述者，既不陈述任何其他主体，也不在任何一个主体之中，主体是被其他事物所陈述的，而不是去陈述其他事物的。在《范畴篇》中，亚里士多德（图 3-1）提出，“这一个人”或“这一匹马”这样的个体是首要主体，因为它们是最基本的被陈述者，不依赖其他概念而存在。在《形而上学》中，亚里士多德进一步探讨了主体的构成。主体包含形式和质料两部分，形式是事物的本质或定义，质料是构成事物的物质材料，形式和质料的合成物比单纯的质料更主体。个体是最终的、不可再分的实体，剥离论证否定了质料作为首要主体的可能，因为质料本身并不具有独立的存在意义，需要依赖形式构成具体的主体。

图 3-1　亚里士多德像

虽然亚里士多德的主体概念与现代哲学中的主体概念有所不同，但其思想对后世影响深远。在勒内·笛卡尔（René Descartes）的哲学体系中，“我思”被视为主体，代表了思维和意识的自我存在。这种观念继承了亚里士多德关于主体是被陈述者的论述，但更加强调了主体的主观性和能动性。

近代以来，随着工业和科学技术的进步，人类逐渐在改造自然的过程中占据了主体地位。这种转变不仅增强了人的能力、人的自信，也促使哲学学说重塑人与自然的关系。尽管近代哲学将人作为主体，但在理解人和人的主体性过程中，也有过度依赖意识的倾向。这导致对人的理解停留在意识层面，忽视人的肉体和精神的统一。

进入20世纪，商品经济的发展进一步促进了人的独立性和自主性，历史变革为哲学理论带来了新的思考方向，更加关注人自身的创造力。个体的人被赋予主体的内涵，主体性常用于表达人的能动性，为现代社会科学和人文科学的研究提供了理论依据。

德国哲学家威廉·狄尔泰（Wilhelm Dilthey）将心理学定位为人文科学。作为生命哲学的奠基人之一，狄尔泰提出生命是世界的本原，是一切自然现象、社会现象的基础，是一种不可遏制的永恒冲动和创造力量，既井然有序又盲目不定。狄尔泰的核心思想围绕着自然科学和人文科学之间的区别展开，他主张人文科学由于人类经验的主观性而需要不同于自然科学的方法论。他引入了理解的概念，从解释的角度理解人类经验。他认为，在研究人类行为和历史现象时，同理心参与和解释分析一样重要。根据狄尔泰的说法，自然科学通过因果关系和经验数据来解释现象，而人文科学通过重建个人的主观经验和意图来理解人类行为的意义。

历史背景和生活经历在塑造人类理解方面具有重要性。要真正理解历史事件、文化遗迹和社会实践，就必须考虑它们出现的历史和社会背景。狄尔泰强调人类理解的历史维度，这促进了解释学的发展和人文学科中更广泛的解释传统。狄尔泰的思想为后来的哲学家和社会科学家提供了研究基础，以此进一步探索人类主观性的复杂性和社会研究的解释性。人文科学的研究对象是人以及人的精神，在分析人时，需从人给予他周围世界的意义出发。这种意义表现在人的语言和行动的习惯之中，也表现在对道德价值和艺术作品的看法中。

人性城市的核心在于满足人的需求，包括物质需求和精神需求。尊重人的主体性意味着关注人的多样化需求，并在城市规划、设计、建设和管理中充分回应这些需求，如提供适宜的公共设施、公共空间和管理服务等。人性城市的形成和发展离不开人的参与和创造，同时其又强化了人的主体性，促使人们更积极地参与城市社会生活，发挥自己的创造力和想象力，为城市增添文化色彩和人文气息。人的参与和创造既丰富了城市的文化内涵，也推进了城市与人的共存共生。

此外，人性城市还体现在空间使用者对城市的体验和感知上。主体性理论关注人的感受和体验，人性城市趋向营造舒适、便捷、安全、和谐的人居环境。人性城市通过优化城市布局、提升城市景观、改善城市设施等，提高人们对城市的归属感。尊重人的主体性即尊重不同文化背景下的个体和群体。在城市规划和建设中，充分考虑不同文化群体的需求和特点，促进社会文化多样性发展，可以使城市更有包容性和吸引力。城市空间品质是人的主体性的重要体现，从关注人的需求和感受出发，能够不断提升城市的服务水平和环境质量，提高城市竞争力。高品质的城市环境吸引更多的人才和资本流入，当人们在城市中感受到被尊重、被关注时，他们更愿意参与城市生活、贡献能动力量，促进城市社会的和谐与繁荣。

人的主体性研究是人性城市设计的基础，城市给予人独特的体验、情感、价值观，以及在社会环境中的互动作用。尊重人作为主体和人的主体性，有助于更深入地理解人性城市空间。城市不仅是建筑、道路和基础设施的机械组合，更是人类生活、工作、学习和交流的场所，具有丰富的文化内涵和人文属性。从人的主体性和主体性视角出发，可以全面理解人性城市的本质。

3.2　从认识论到实践论

认识论在传统哲学里占据着核心地位，其在认同自然、宇宙等客观存在的基础上，探索如何正确地认识世界。在哲学理论的演进中，人们发现了人作为主体的实践能力和创造性，人的价值受到重视。人通过实践活动不仅能够认识世界，还能够改变世界。对人的实践活动和创造活动的关切，推动了认识论向实践论转变，哲学也向着人学发展。

近代哲学在确立人的中心地位和对世界的能动关系方面取得了较大进步。笛卡尔的哲学体系以“我”为出发点，明确了人的主体地位，关注人的内在世界和精神世界。“我思故我在”，这一命题不仅启发了近代哲学的开端，也标志着人作为思维主体的确立。在开创性著作《第一哲学沉思集》（1641 年）中，笛卡尔系统地怀疑所有信仰和感官体验的真实性，以确定一个不容置疑的真理。“我思故我在”成为一种基础的确定性，即怀疑行为本身证实了怀疑者的存在。这一思想与以往哲学传统存在重大分歧，强调自我是唯一确定的知识。笛卡尔的二元论进一步深化了他的哲学影响，区分了心灵领域和物质世界。他提出思维实体与广延实体应彻底分离，认为心灵和身体在本质上是不同的。二元论建立了理解心身问题的框架，影响了后来哲学和科学对意识和现实本质的讨论。人的自我意识和思维具有独立性，哲学从古代关注客体向近代关注主体演进。

康德将人的主体性置于社会层面进行考察，提出了“人是目的”的命题，认为人应作为自然界和社会中的目的而非手段，从而强化了人的中心地位。黑格尔的哲学体系虽然是唯心主义的，但他将世界历史视为人的本质的历史，即理性的历史，认为人的需要和私欲的满足是人类行为的动力，这在一定程度上也体现了人的中心地位。近代哲学在认识论上阐明了主体与客体的区别，认为人在认识过程中具有中心地位。人作为认识的主体，通过思维活动把握和理解客观世界。

现代哲学继续深化对主体性问题的探讨，形成了多种主体性理论学派，如分析哲学、语言哲学、意志哲学、生命哲学、人文主义哲学等。这些学派从不同角度对主体性进行了深入研究和探讨，丰富了人类对自身的认识和理解。

分析哲学起源于19世纪末的德国，正式形成于20世纪初的英国。分析哲学的主要观点在于反对传统哲学中关于形而上学的思辨，认为这种思辨是没有意义的，主张哲学的任务在于“清思”，即通过对语言的逻辑分析来阐明其意义。在分析哲学的建立过程中，威廉·罗素（William Russell）最先强调要把形式分析或逻辑分析当作哲学的固有方法，并加以广泛应用。罗素的研究重点是历史知识的性质及历史研究所采用的方法。历史研究应以对主要资料的严格分析和对历史背景的仔细考察为基础。理解历史事件的重要性不仅在于将其视为孤立事件，还在于将其理解为更广泛且相互关联的叙述的一部分。罗素的思想促进了历史经验主义的发展，在建构历史叙述时使用经验证据。后来，分析哲学逐渐发展成为一种以语言分析为主要方法的哲学流派，催生了语言哲学的发展。语言哲学主要关注对语言现象的研究，尤其是通过逻辑分析的方法来探讨语言的本质、意义、功能，以及与现实世界的关系。

意志哲学，特别是以弗里德里希·威廉·尼采（Friedrich Wilhelm Nietzsche）为代表的意志主义哲学，是强调意志在宇宙和人类生活中核心地位的哲学体系。意志被视为宇宙和人类生活的本质与动力，意志具有创造性、驱动性和超越性，是推动世界进化、创造价值和意义的根本力量。意志哲学的发展可以追溯到叔本华时期，但叔本华将意志归结为生存意志，带有悲观主义色彩。尼采在继承叔本华意志哲学的基础上，进行了改造和创新，提出了“强力意志”（will to power）的概念，形成了独特的意志主义哲学体系。

尼采认为，意志是生命本能的冲动，是扩大自身、超越自身，具有旺盛的生命力，解释了自然界一切现象和过程的根本原因。强力意志表现为追求掌握一切、支配役使一切的意志，是创造性的、有目标的、积极进取的愿望。由此克服了叔本华生存意志的消极性，赋予了意志以积极、肯定的意义。尼采反对将世界分为现象和本质的二重化观点，认为意志与现象世界是统一的。意志并不独立于现象世界之外，而是内化于现象世界之中，借助现象世界表现出来。人生的意义和价值在于实现和发挥强力意志，摒弃悲观主义和虚无主义。人只有通过不断地追求、创造和超越，才能赋予自己和世界以意义和价值，以积极、乐观的态度面对人生中的痛苦和挫折，借助强力意志的发挥来战胜困境。

在叔本华、尼采、斯宾塞等的影响下，20 世纪的西方出现了生命哲学体系，用生命的发生和发展来解释宇宙。生命哲学认为，生命是世界的本原，是不能用理性概念描述的活力，是一种不可遏止的、永恒的冲动。生命的存在和意义可以回答人类对生命存在的根本问题。个体在面对生活的选择时，有权行使自己的自由意志，并承担选择带来的后果。个体的体验和情感是人类理解生命的重要途径，个体在生命中有各种体验，如快乐、痛苦、孤独等，人类在这些体验中寻求满足。

人文主义哲学是现代哲学主体性理论学派的重要分支，是一种强调人的价值、尊严和自由的哲学思潮。人文主义哲学发展于文艺复兴时期，并在随后的历史进程中不断演变和丰富。14—17 世纪，人文主义思想迅速扩展，对中世纪神学说全面否定，倡导人的价值和作用，并主张追求现世的幸福。人具有中心地位，是宇宙间最高贵的存在，社会应致力于文明的进步，追求自由、平等和幸福，享受现世生活的美好。

人具有价值意义和主体性中心地位，这种认识也容易带来一些问题。在哲学史上，尤其在近代哲学中，主体性往往强调人的意识、精神或理性的能动性和创造性，人的主体性在某种程度上变得抽象和片面，忽视了人在实际活动中的具体性和实践性。为了更全面地理解主体性，需要引入对象性活动的视角。

对象性活动是指人作为主体在实践中与客观世界相互作用的过程。这种活动不仅涉及人的意识、精神或理性，还包括人的身体、情感、社会关系等多个方面。主体性是在实践活动中形成的，不仅是意识或精神的产物，更是人在实践中与世界相互作用的结果。实践活动使人的主体性得以展现和确证，人通过实践活动改造世界，同时也改造自己。对象性活动不仅涉及人的意识活动，还包括身体的运动和情感的投入。这些方面共同构成了人的主体性的完整内涵。

身体作为实践活动的载体，其感受、经验和能力都影响着人的主体性的发挥。情感是人对世界的反应和评价，也是主体性不可或缺的一部分。人的主体性嵌入社会关系中，人在社会关系中与他人相互作用，形成共同的价值观念、道德规范和行为准则。这些社会关系不仅塑造了人的主体性，也限制了人的主体性的发挥，理解人的主体性必须考虑其社会文化背景和历史条件。人的实践活动和对象性关系，能够回答人的主体性如何在现实的创造活动中得以体现，以更全面地理解人的本质和价值，避免将人的主体性仅归结为意识的抽象能动性。

在本体论中，物质实体是构成世界的基础，具有固有的运动规律。而精神实体，如心灵或意识，虽然本身并非实体性的存在，但哲学家常常假设其背后有一个起承载作用的实体。这种对物质实体和精神实体的划分，形成了本体论中物质实体和心灵实体的关系问题。认识论探索主观意识如何认识客观存在的物质世界，涉及感知、认知、语言、逻辑等多个方面。近代哲学在本体论和认识论上都深受亚里士多德以来的实体形而上学思维的影响，对于物质和精神、主观和客观的理解，存在多种理论观点，至今依然是一个开放议题。

主客二元分裂的更深层次的内蕴是自由和必然的对立。黑格尔的辩证理性尝试统一思维和存在，但也容易导致泛逻辑化，在一定程度上压抑了个体自由。现代哲学回归人的生活世界，寻求人生存的价值和意义。人文主义流派，特别是里根的生命主体性理论，为理解人的主体性提供了更丰富的视角。

生命主体性不仅强调个体的意识，更深入地挖掘人的信念、欲望、记忆、情感及追求目标等多方面的特征，这些共同构成了人生存的内在价值。生命主体性的观点为理解人的主体性提供了新的思路，强调个体在生活中的多元性和丰富性。在探讨人的心理和行为时，需要充分考虑这些多维度因素，关注人的生存状态。

生命主体性理论回应了认知主体哲学在主客二元分裂问题上的困境，叔本华、尼采、柏格森和克尔凯郭尔等哲学家的思想起到了开拓作用。他们反对将理性过分地局限在认知范围内，而是强调生命意识、情感和意志在人的存在和发展中的重要作用。海德格尔的生存论转向标志着生命主体性理论的确立。他提出从人的实际生存状态出发去理解人，将人的主体性与人的生存活动紧密联系起来，而不仅仅停留在抽象的认知层面。

海德格尔的《存在与时间》阐述了人类存在的本质和意义，并试图回答人类存在的基本问题。人类的存在应该被视为一种“存在性”的存在，而不是简单的物质实体。人类存在的本质在于与周围世界的互动和联系。海德格尔的生存论转向打破了实体本体论的局限，从固定的“在者”转向动态的、历史性的存在过程。在海德格尔看来，实体本体论通过“存在是什么”的提问方式，将存在简化为既成状态的“在者”，而忽视了存在本身的过程性和历史性。而生存论转向则强调存在的动态性和生成性，认为只有在存在的过程中，才能理解“在者”的本质和价值。

生存论转向为现代人文主义研究提供了新的视角，将意识因素融入人的整体生存环境，将人放在历史活动的过程中去理解。生命主体性的内涵，如创造、超越、生成、历史、自由、责任、孤独和畏惧等，都是生存论转向的重要体现。这些品格不仅突破了认知主体性的局限，更增添了人的现实生存内容。

从古希腊实体主体到现代生命主体理论，哲学对主体性进行不断的深化和探索。这不仅体现了哲学从本体论到认识论，再到人本学的转向，也揭示了哲学对于人生存的价值、意义和根据的深刻关注。尽管现代西方哲学进一步深化了生命主体性的理论，但存在主义的人文学主体性理论仍然带有一定的局限性，例如过于强调孤独的个体和可能导致的自我中心占有性主体倾向。

一些哲学家尝试通过历史过程和主体间关系来削弱和修正中心性主体，从而重建人本学的主体性理论，打破个体主体的孤立状态，强调主体间的相互关系和互动，使主体性更加丰富。而后现代性的立场则更加激进，主张差异和多元，反对霸权话语，消解中心地位，从而根本否定人本学思维和中心性主体。这种立场下的主体性被理解为一种离散的主体性，即个体主体不再是唯一的中心，而与其他主体和因素相互交织、相互影响。

认知主体性理论是主体哲学发展的一个重要阶段，把主体和人统一了起来，通过意识活动的形式完成了“哥白尼式革命”，打破传统的主客二元分裂的思维方式，明确人的中心地位和对世界的能动关系，理解具有现代意蕴的主体性。在传统哲学中，主体（人）和客体（世界）被严格区分开来，主体通过意识活动去认识客体。然而，认知主体性强调了主体在认识过程中的能动性和中心地位，将主体和客体视为一种相互作用、相互渗透的关系。由此关注主体在认识世界中的积极作用，推动哲学从“认识论”向“实践论”过渡。

3.3　主体性的多元发展

主体性理论在发展过程中不断与语言学转向相互渗透，形成了对主体性的多种理解。语言学转向对主体性理解的影响，也是当代哲学发展的一个重要方向。对语言学的研究有助于更深入地理解语言的本质、功能，以及与主体性之间的关系，进而为理解主体性提供丰富多样的视角。在深化和修正生命主体性理论的过程中，可以借鉴语言学转向的成果，关注语言与主体性之间的相互影响，以及语言在塑造和表达主体性方面的作用。

海德格尔、哈贝马斯和伽达默尔等的思想都体现了语言在主体性理论中的重要地位。语言是人存在的基本方式，人与存在的关系及主体与主体间的关系，本质上都是对话和交往的关系。对话和交往不仅涉及语言本身，更涉及生活世界的意义结构、历史传统和习俗等因素。哲学的出发点由作为个体主体的人，转向了超越个体主体的、具有某种“客观”结构的语言关系和交往关系，突破了生命主体性研究的个体主体阈限，使对主体性的理解日益向关系、过程和历史发展的方向转化。

在后现代思潮中，对中心性主体的消解与语言学，特别是结构主义语言学有着密切的关系。 在索绪尔的理论中，语言具有社会性和规范性，而言语则是这种规范下的个体表达。 这为理解主体性提供了新的方向，即主体并非孤立存在，而是受到社会语言规范的影响和塑造。 福柯从知识和权力的角度探讨了主体性的社会性和历史性。 他认为，主体是被话语和权力关系塑造的，权力在现代社会中具有规训和监视作用，主体性存在社会制约。

后现代思潮并非要否定人的主体性，而是挑战传统的、以自我为中心的占有性主体，寻求更为多元、离散且非控制的主体性形式。 主体性的消解不意味着主体性理论的消亡，新的主体性形式强调了个体与社会、历史、文化之间的复杂关系，以及个体在其中的能动性和创造性。 在后现代的视野下，主体不再是孤立的存在，而与周围环境、他人及社会结构紧密相连。 后现代对主体性的解构不是一种否定，而是对传统主体性理论的发展和超越。

主体性理论如果脱离实践基础，就可能变得片面和极端。 马克思的实践哲学正是连接理论与实际的桥梁。 实践不仅是人的生存方式，更是事实与价值的统一。 在对象性活动中，人通过消耗体力和智力与对象进行物质变换，体现了实践活动与主观思想活动的根本区别。 马克思将实践活动描述为现实的、感性的活动，可以通过经验事实来证实。 这种经验的事实性，引领人文研究走向历史的方向，不再囿于在思想的范围内解决问题，而是面向人的实际生活。 马克思哲学向生活世界回归，并非简单地肯定和认同生活世界，而是要对现存世界进行批判和改变。 实践哲学更全面地理解了人的主体性，深化了对生命主体的研究，避免了语言、关系和过程的自律化和极端化。

实践活动的革命性质深植于价值理性之中。 认知理性往往是从事物的既成性出发，以主客二元分裂为前提，在某种程度上限制了主体因素在实践活动中的参与度和影响力。 价值理性不仅包含事实，更超越事实，追求更高的价值目标。 这种价值追求为变革现实的实践活动提供理想蓝图，使实践活动具有能动的革命性质。 马克思正是基于这样的理解，提出实践活动的本性是自觉的、自由的。 当人们以价值理性为指导，追求更高的价值目标时，实践活动就不再是被动地适应现实，而是主动地改造现实，实现自身的价值和理想。

价值尺度体现了实践的能动本质，也是实践和批判性质的根据。 将事实与人对事实的变革要求统一起来，实践活动就成为对主体本质力量的确证。 人们之所以要“做”，是因为世界不能满足需要，人们只能改变世界以满足自己的需要。 这种

"做"的过程，本质上就是创造价值的过程，也是实践区别于动物本能活动的关键所在。人的未特定化特性是人类与其他生物的重要区别。人是未特定化的存在，本能的活动方式并不足以保证人在生存竞争中占有优势，所以需要依靠后天的创造来弥补先天的不足。这些创造不仅体现在物质层面，更体现在精神、文化等各个方面。

从这个角度上看，人是一种文化动物。实践活动是基于事实的认知，更是对价值的追求和创造。人通过实践活动将世界化为事实和价值的双重世界。实践活动的目标设计，不仅包含对事实性因素的认知，也包含对客体价值的评价和选择。评价和选择来源于人的需要和对现实的理解，超越简单的事实再现，指向超越事实的价值追求。在这种理想性模式的指引下，实践具有了变革现实的力量，而不只是重复现实。这也进一步印证了实践活动的能动性和创造性，人能够通过实践活动认识世界、改变世界，从而实现价值追求。实践活动是人作为文化动物的重要特征之一，既体现在个人的成长和发展上，也体现在社会的进步和文明的提升上。人通过实践活动创造属于自己的文化世界和价值世界。

工具和语言作为实践的手段，是价值创造的客观化形式。工具既支持对象性活动，也是过去对象性活动的结果；既是简单的物理存在，也是人的智慧、创造力和历史积淀的体现。每一次工具的创造和使用，都标志着人类对于自然和社会的认知改造达到了一个新的高度。语言是社会交往的媒介，承载着丰富的文化内涵。人们通过语言交流传递信息，也传递情感、价值和观念。语言中的文化精神和价值取向，反映着人们的生存状态、思想观念和道德准则。工具和语言作为实践的中介，都蕴含着价值；而实践活动本身就是一个不断创造价值、实现价值的过程。这种价值创造不仅体现在物质层面，更体现在精神层面，是推动人类文明进步的重要力量。

按照马克思的理论，商品的价值和使用价值都是由劳动创造的。自然物本身并不具备价值，只有当人们通过劳动将其改变，使其满足人的需要时，它才具有价值。人创造了自然的使用价值，更消耗了自己的体力和智力，将自己的本质力量对象化。这种本质力量在对象中的凝结，形成了商品的价值。价值是人赋予对象的，是劳动价值本身的体现，而劳动是价值的源泉。满足人的需要是实践的核心目的，人们通过实践将自然界转化为自己身体和精神的供给，用以满足多元化的需求。实践结果的评价标准与满足人需要的功效性紧密相连。

实践之所以是面向未来的开放过程，与人的未特定化存在方式有关。人的需求不断扩展和深化，实践也不断向前发展。价值的超事实性和面向未来性为实践提供了动力源泉。实践永无止境的创造过程，促使现代哲学从过程和历史的角度来理解人自身。

实践是个体活动，更是社会历史的总体进程。每个个体通过实践不断与周围世界发生联系，形成复杂的社会关系网络，关系网络的总和又构成了社会的总体实践。实践既是历史的，又是总体性的；既是满足人需要的创造过程，又是面向未来的开放过程。人的主体性涵盖了全面性和丰富性，也蕴含了超现实的理想性因素。这种主体性成为总体发展过程的集合体，体现了人类实践活动的复杂多元性。人作为有价值的有机体，其实践活动总是带有一定的方向性，从而推动着人类社会不断进步，自身也不断超越局限，追求更高的精神境界和更丰富的生活体验。

3.4 空间社会学

空间社会学作为社会学领域的一个分支，采用了与其他社会科学不同的研究视角，将空间作为研究社会的切入点。空间不仅是社会学研究的理论背景，更是核心研究对象。空间社会学经典著作多源自法语和德语社会，语言的差异为这些理论的传播带来了不便，也增加了社会学界理解的难度。此外，空间社会学的许多理论都与哲学或元社会学相关，使其理论表述晦涩难懂，进一步影响了其传播广度。自20世纪90年代起，空间社会学逐渐受到社会学界的重视。在经历了数十年的发展后，空间社会学研究显著升温。

真正意义上的空间社会学理论研究，可追溯至20世纪80年代的亨利·列斐伏尔（Henri Lefebvre）。列斐伏尔是法国著名的马克思主义哲学家、社会学家，被誉为“法国辩证法之父”“日常生活批判理论的奠基人”，都市马克思主义的开拓者与西方批判理论“空间转向”的先行者。列斐伏尔将马克思哲学的异化理论和唯物辩证法运用于现代日常生活哲学问题研究，开创了马克思主义日常生活批判的新领域。他认为，日常生活是人类社会的一个基本层次，包括工作、家庭和私人生活、闲暇活动等元素，具有重复性和自发性特征。日常生活具有两重特性，即平凡性和创造性，物化和异化的日常生活应予以摒弃，从而重建人性的日常生活。

列斐伏尔将“空间”概念引入马克思主义理论，发展出空间社会理论。社会生产社会空间，社会空间也生产社会。他区分了物质空间、精神空间和社会空间三种类型，并提出空间的实践、空间的再现和再现的空间三元组合概念。物质空间指的是物理意义上的自然、宇宙等，是客观存在的、可以触摸和测量的空间形态，具有实在性和物质性，是构成社会空间的基础。精神空间是逻辑抽象和形式抽象形成的空间，是人们在思维中建构的空间概念，具有抽象性和观念性，是人们对空间进行理解和想象的结果。社会空间是社会实践的空间，是人们在生产、生活、交往等社会活动中所形成的空间形态，具有社会性和实践性，是社会关系的产物，并反过来作用于社会关系。

在三元组合中，空间的实践也称为“感知的空间”，即空间的生产和再生产，是人们通过实践活动来创造和改变空间的过程。空间的实践实际存在、可以被感知和测量，城市道路、广场、工作场所、生活场所的生产都属于空间的实践，反映了人们对空间的物质性需求和改造能力，是构成社会空间的基础。空间的再现又称为“构想的空间”，即在智识群体中被概念化的空间，具体呈现为空间概念或观念。空间被抽象化为各种概念，通过语言、符号等系统来表达和传递。空间的再现是人们对空间进行理解和想象的结果，影响人们对空间的认知和行为方式，构想的空间也通过构想出相应的空间语言符号系统来干预和控制现实空间的建构。再现的空间是物质性与精神性相结合的空间形式，是物质空间与精神空间相互作用的产物，既包含物质的实在性，又包含精神的抽象性，是人们在社会实践中对空间进行感知、想象和创造的结果。再现的空间是社会空间的重要组成部分，反映了社会关系的复杂性和多样性，也为人们的社会活动提供了重要的场所和背景。

《空间的生产》是列斐伏尔最具影响力的代表作之一，也是城市研究领域引用率很高的著作之一，深刻揭示了空间在社会生产和社会关系中的核心地位，成为20世纪末空间转向思潮的理论基础和奠基性文献。列斐伏尔认为，空间是社会的产物，其生产包容了一切的世界观和实践活动。

空间有三层含义，即空间包含多重关系，空间具有表征性，以及空间通过知识与理论的诠释而被建构。之所以出现空间包含多重关系的论断，是因为任何一个社会以及任何一种生产方式，都会生产出它自身的空间，这些空间不仅仅是物理上的存在，更是社会关系和生产方式的体现。空间具有表征性，即空间通过意象与象征被生产出来，具有文化和象征意义，人们通过空间来感知、理解和解释世界。空间通过知识与理论的诠释而被建构，即空间生产是一个动态的过程，随着知识和理论的发展而不断变化。

空间不是既定的、静态的，而是具有建构性的力量，是生成的、动态的。空间不仅仅是物理上的存在，更是社会关系的产物和体现。不同的社会生产方式会产生不同的空间形态。列斐伏尔还探讨了空间中的矛盾和异化现象，指出随着资本主义生产方式的发展，空间也变得越来越商品化、同质化，从而导致了空间的矛盾和异化。

空间的生产分为三个类别。一是构思，由规划师和政治决策者创造的空间；二是感知，由所有空间使用者的空间实践产生的空间；三是生活，由人们对某个地方的无形依恋程度产生的空间。规划师和设计师已经设计了公共空间和街道，即构思空间，从专业人士的角度来看，规划产生了一个抽象的、平面的、静态的空间。而空间使用者感知的空间是感官的、透视的、动态的、瞬时的和线性的，来自空间使用者的体验。生活的空间是通过空间使用者与空间的日常关联产生的，是情感的、无定形的、累积的、记忆的和循环的，存在于空间使用者体内，由不一定是连续的各种印象组合而成。

列斐伏尔的空间社会学诞生后被译成英文，在全球范围内广泛传播。空间社会学得以正式确立，离不开理论积淀与历史机遇的共同作用。空间社会学发展的历史契机在于社会学的消费行为研究和全球消费浪潮的席卷，新的消费现象为空间社会学提供了视角和动力。

20 世纪 60 年代后期，后工业化时代的资本主义主要矛盾已转变为生产产能过剩与消费不足之间的对立，资本主义社会空间出现显著的消费化和符号化趋势。消费问题成为资本主义社会的核心关注点，而刺激消费则被视为解决资本主义危机的重要途径，从而催生了空间的消费化现象（图 3-2）。

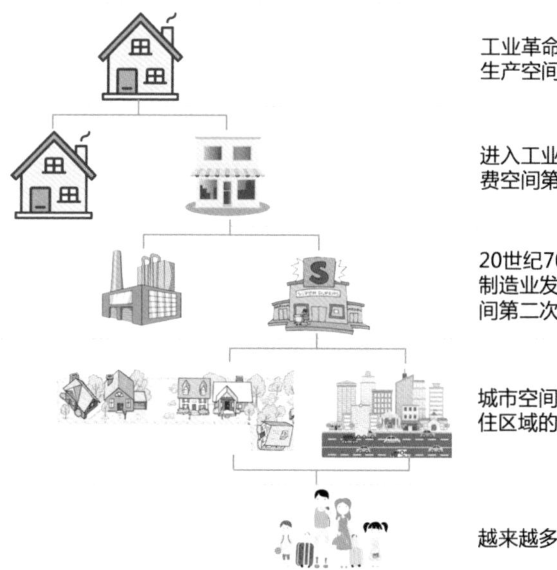

图 3-2　空间消费化的演变过程

空间消费化的实现主要依赖两种手段：空间商品化与空间符号化。空间商品化使资本主义社会能够将空间产品，甚至自然生态空间本身，作为商品进行销售。空间符号化通过符号来替代空间，空间也是物品，像日常用品一样可供销售。例如，将一些城市社区定位为高档社区，通过激发人们对高档社区的向往和消费欲望，实现地产销售。

此外，空间符号化也为具体物理空间附加了各种标签，通过文化加工，人为地制造差异化空间产品，从而以更高的价格推销。例如，为某些地块贴上网红标签，通过符号宣传激发空间消费欲望。空间的使用价值也会通过各种方式得到提升，这种提升的结果是价格与价值相适应，空间产品的价格上涨，从而间接推动空间产品利润的增长。

美国社会学家大卫·哈维（David Harvey）与爱德华·W.索亚（Edward W.Soja）继承并进一步发展了列斐伏尔的学说，为空间社会学注入了新的活力。大卫·哈维的学术生涯始于对人文地理学的研究。在马克思主义思想与列斐伏尔理论的共同影响下，他将研究焦点转向空间社会学。哈维认为，已有思想体系中未能充分建构一种具有系统性和显著地理、空间维度的观点，应将资本的发展与时间性、空间性相联结，从而深化对空间社会学的理解。哈维对空间社会学的重大贡献主要体现在他提出的“空间流动”与“时空压缩”这两个核心概念上。社会的正常运转依赖空间中能量、资源及权力的流动，而掌控这些流动的一方则在社会中占据主导地位。政治经济权力的分布不仅体现在物理空间层面，更深刻影响人们对社会的认知，公平合理的内涵随着时空背景和个人视角的变化而呈现出多样性。

交通与信息技术迅猛发展，现代化进程中的空间界限逐渐被打破，这一现象被哈维称为“时空压缩”。时空压缩进一步加速了空间内的各种流动。尽管时空压缩与空间流动在一定程度上消除了空间障碍，但也侵入了原本自主的空间领域。经济与权力在空间中的快速流动导致了空间的不平等现象加剧，其最直观的表现就是城市逐渐成为社会矛盾汇聚的焦点。

哈维的理论主要表现为对空间的批判态度，索亚的空间理论则更多地论述了空间与个体之间的关系。索亚肯定了空间的社会属性，“虽然空间本身可能是原始的，但其组织和意义却是社会变迁、转型和经验的产物”。在索亚看来，空间并非只是对社会关系的简单反映，而是“代表了对整个生产关系构成要素的辩证限制，这种关系既具有社会性，又具有空间性”。

索亚提出了“第三空间”的概念，这一空间既超越了物质空间与心灵空间的界限，又同时容纳了这两者，形成了一个主体与客体相互交融的空间。在审视空间问题时，第三空间采用“他者化”的思维方式和列斐伏尔三元组合的理论基础，从而避开了主观主义与客观主义的陷阱。索亚在著作《后大都市：城市和区域的批判性研究》中以洛杉矶为代表，从城市和区域的批判研究角度，对城市空间的地理性历史、后大都市的形态类型、1992 年洛杉矶的都市空间等问题，进行重新界定和讨论，提出空间不仅仅是物理的或社会的，更是经验的、感知的和想象的。

伊曼纽尔·沃勒斯坦（Immanuel Wallerstein）作为世界系统理论的提出者，对空间社会学理论领域的推进发挥了重要作用，他也是新马克思主义的重要代表人物。沃勒斯坦的《现代世界体系》详细阐述了世界系统理论，在国际学术界产生了巨大影响，被视为分析当代资本主义世界体系的重要理论范式。沃勒斯坦认为，世界系统是资本主义生产的内在逻辑充分展开的结果，当今国际事务、国家行为和国际关系都是这一逻辑的外在表现。国家并不是近代以来社会变迁的基本单位，而是具有结构性经济联系和各种内在制度规定性的、一体化的现代世界体系，这种体系才是考察社会变迁的实体，资本空间全球化是以这种实体为基本单位塑造的现代世界系统。他阐述了资本主义发展的两个阶段，先是历史资本主义阶段，以资本全球扩张和殖民地建立为标志；随后是后殖民主义阶段，见证了殖民地时代的落幕和现代世界体系的形成。在全球化背景下，世界系统展现出一种“核心—边陲—半边陲”的动态空间结构。资本通过扩张、商品化和机械化不断积累，为核心、边陲和半边陲空间的动态演变提供了可能。此外，安东尼·吉登斯（Anthony Giddens）、皮埃尔·布尔迪厄（Pierre Bourdieu）和马克·格兰诺维特（Mark Granovetter）的理论也与空间社会学理论相辅相成，共同推动了空间研究的发展。

社会现象与空间维度之间的关系是空间社会学研究的主要内容，探索空间如何影响社会行为、互动和结构，以及社会过程如何塑造和受空间安排的影响。这个跨学科领域整合了社会学、地理学、城市研究和空间相关理论，以探索个人、社区及其环境之间的复杂相互作用。在福柯的“异托邦（heterotopia）”概念中，空间具有物理性和象征性，提供体验和意义。福柯的概念可用于理解不同类型的空间（如监狱、墓地和主题公园）充当社会控制、抵抗和文化表达的场所。“异托邦”通过强调特定环境如何提供独特的社会组织形式和意义，挑战对空间的传统理解。

空间社会学包含几个阐明了空间与社会生活之间关系的关键概念。其一是“社会空间（social space）”，指的是社会关系和结构在空间上的组织和表现方式。社会空间不仅仅是一个物理位置，还包含与不同空间背景相关的社会意义。例如城市的布局可以反映社会等级和经济差距，而公共空间的设计可以影响社会互动和社区凝聚力。其二是“地点身份（place identity）”，涉及个人、社区与特定地点的情感和象征联系。地点身份关系到人们如何根据个人经历、文化叙事和社会实践来感知和赋予地点内涵。由此理解个人和群体如何对周围环境产生归属感和依恋感，以及物理环境的变化如何影响社会凝聚力和身份。其三是“空间正义（spatial justice）”，涉及不同地区和社区之间资源、机会和便利设施的公平分配，解释空间安排和政策如何延续或减轻社会不平等，例如住房、教育和医疗保健方面的不平等。通过关注正义的空间维度，明确公平和包容的城市设计和政策干预具有必要性。

空间社会学在城市规划、公共政策和社区发展等各个领域都有实际应用。在城市规划中，空间社会学可以为设计过程提供信息，增强社会福祉和包容性。例如，考虑资源和服务的空间分布可以帮助规划人员解决食品供给、交通容量和住房负担能力等问题。通过结合空间正义和社区参与原则，创造促进公平竞争和社会融合的环境。在公共政策中，空间社会学研究有助于制定解决空间不平等问题和促进社会凝聚力的政策，改善公共空间使用状况，加强社区安全和支持经济适用房，减轻社会差距并促进社会和谐。此外，空间社会学研究可以通过分析空间因素如何影响社区的脆弱性和恢复力，为灾害管理和恢复工作提供信息。社区规划也可作为空间社会学应用的场景，通过空间排布，影响社会互动和社区建设；通过建立社区中心、振兴公共空间和促进步行社区等策略，加强社会联系，提高居民的生活质量；通过关注社区动态的空间维度，以设计支持社会凝聚力和集体福祉。

空间社会学的实证研究可以阐明空间与社会过程之间的关系。以城市社区绅士化为例，绅士化过程通过高收入居民的涌入来改变社区，从而导致房地产价值、社会人口统计和社区形态的变化。由于空间转变，原有居民被迫迁出，社区居民身份被重新塑造。还可对城市公共空间及其在促进社会互动和社区参与方面的作用进行分析，研究不同的设计元素如何影响社会动态。空间社会学为创造更具包容性和活力的公共环境提供了路径。在解释空间隔离对社会不平等影响方面，空间隔离是不同地理区域内不同社会群体之间的分离，受到收入、种族、受教育水平等因素影响。空间隔离如何拉大社会差距、妨碍资源获取和社会互动，空间社会学可给予解释，并提出解决社会失衡的策略。

空间社会学研究具有现实意义。作为一种现代批判理论，空间社会学探索了现有社会的矛盾与不合理现象，并且通过深入分析这些现象背后的社会结构、权力关系和文化逻辑，对现代化进程提出了深刻的反思。空间社会学研究城市空间、社区环境、居住条件等，揭示现代社会中空间分布不均、资源分配失衡、生态环境恶化等问题，直接关系到居民的生活质量和社会福祉，有利于从理论层面理解当今社会发展。基于空间社会学的理论视角，城市规划者和政策制定者可以更加科学地评估不同空间布局对社会关系、经济活动和文化传承的影响，从而提出更加合理、公正的城市规划和治理策略。空间社会学强调空间资源的公平分配和社会正义的实现，这对于减少社会不平等、促进社会和谐具有重要意义。空间社会学通过研究和解决空间问题，可以推动社会向更加公正、包容的方向发展。空间社会学的人本主义学术取向体现了对个体经验和主观感受的重视，强调空间不仅仅是物理上的存在，更是人们日常生活和社会交往的重要场所。在元理论层面，空间社会学倡导的三元辩证法（即将能动性与结构性视为相互交织、共同作用的两个维度，并引入第三个维度，如文化、历史等），为传统社会学中的二元对立（如能动与结构）提供了新的解决思路。这种融合有助于打破传统理论的局限性，推动空间研究向更加深入、全面的方向发展。

4

形态范式：当代城市的人文性思辨

人文主义哲学源远流长，蕴含着对人类自身生存状态的关切和对人群社会未来发展的思索。步入日新月异的现代社会，科技的浪潮极大丰富了物质世界：琳琅满目的商品、安全舒适的居所、瞬息万变的信息获取方式，无不彰显着时代的进步。在繁华背后，人们对于精神富足的追求，尤其是对人文关怀的渴求，愈发显得迫切而重要。

城市是人类活动的舞台，汇聚了无数智慧与文明。人文性在当代城市空间形态建构中日益受到关注，成为城市发展不可忽视的议题。人们通过城市空间形态的人文性研究，可以更加清晰地认识人类与外部世界的关系，追寻生活品质优化和幸福感提升的实践路径。

4.1　新城市主义

20 世纪后期，西方现代城市建设引发的一系列问题受到诟病。过度依赖机动交通造成了环境恶化和资源浪费，土地功能僵化分区导致了城市蔓延，城市交往淡漠带来了社会生活品质下降，物质建设与精神建设失衡引起了空间人文性降低，等等。一些城市学者开始探索新的城市规划理论方法，应对城镇化带来的挑战。

新城市主义（new urbanism）是极具代表性的新兴城市规划理论思潮，于 20 世纪 80 年代在北美兴起。新城市主义重提以人为核心的规划理念，倡导城市土地功能混合利用、步行友好街区以及城乡环境的可持续发展。新城市主义者认为，紧凑性、步行友好性、社区性和可持续性在城市发展中具有重要意义。他们推崇第二次世界大战以前传统城镇的规划原则和空间组织方式，即所谓的“回到未来（back to the future）”，将居住、工作、购物、娱乐等功能适度混合，减少长距离通勤和汽车依赖，鼓励低碳生活方式。新城市主义者还提倡，通过紧凑的社区布局、多样化的住房选择、丰富的公共空间、便捷的交通网络等，缓解当代城市土地资源浪费、交通拥堵、社会隔离和环境恶化等问题。

新城市主义的兴起有其历史渊源。

20 世纪末，美国分区规划体系发生重要变革。基于土地功能划分的分区规划（zoning），以土地经济性为规划目的，对空间形态缺乏管控，致使城市无序蔓延，中心区衰败，土地资源浪费。为弥补传统分区规划的不足，新城市主义提出了基于空间形态控制的新型分区规划思想，认为城市形态与土地功能同等重要，人尺度下的城市形态才能带来良好的空间体验。城市分区不应囿于功能本身，而应转向对三维空间形态的导控，创造具有活力的紧凑城市。

继美国的分区规划之后，精明增长理论（smart growth）、形态设计准则（form-based code）、断面理论（transect）、绿色建筑理念等，相继阐述了新城市主义思潮下的场所营造原则。该原则依据地域自身特色进行规划设计，通过调控城乡开发程度形成地域性空间，创造形态可预测、功能可混合的城乡区域。

西方现代城市规划可概括为将土地划分为允许或禁止某些使用权限的过程，这种规划行为是随着文明城市的兴起和人类建设活动的发展而发展的。早期的城市规划，旨在将宗教场所和市民生活空间与噪声、浊气等不良环境区分开来。工业革命爆发后，家庭与经济的关系更为紧密，社区除居住功能外，还兼具一定的商业功能。城市规划日趋复杂，不再是简单地划分功能地块，而是将生产活动与多种用地功能相结合，在满足基本生存需要的基础上，实现土地高效利用。

工业革命的推进带来快速增长的生产制造业，制造业发展却使城市中心的商住混合区环境恶化。土地功能必须严格区分，把非居住功能迁出生活区，才能保障基本的社区生活质量。19世纪晚期的德国出现了现代意义上的分区规划概念。1874年，德国工程师莱茵哈德·鲍迈斯特（Reinhard Baumeister）在建筑和工程学会会议上，首次系统阐述了新的土地功能规划体系。鲍迈斯特提出，环境建设区域应明确区分为城区与郊区两个板块，针对这两个板块分别制定详尽的建筑高度限制、建筑后退距离限制及土地划分的面积标准。该理念不仅在当时引起了广泛回响，更深远地影响了现代西方城市，尤其是在19世纪末至20世纪中期的城市分区规划实践。

以美国为例，美国分区规划体系在吸纳鲍迈斯特理念基础上，进一步细化了控制要素，将政府政策、城市发展导向、建筑形式规范等多维度内容融入规划编制体系。分区规划的主要目的是提高行政效率，促进区域协调发展，保障民众权利，并确保城市的健康、安全和公共利益。通过土地分区，政府可以更好地掌握各地情况，制定和执行相关政策，推动经济增长。分区规划有助于保护私有财产，平衡各方利益，减少开发过程中的冲突。

美国各州的分区规划无论如何调整，土地利用的核心地位始终未变。土地利用性质的划分指按使用性质将城市土地分割为不同的区域，如居住区、商业区、工业区等，这些区域通常具有不同的建筑密度、建筑高度、容积率等控制指标。在一些州的分区规划法中，还增加了混合利用区、特殊用途区、有限开发区、集合建设区、鼓励建设区等新的土地利用类型，以适应城市发展的多样化需求。

在土地利用性质划分基础上，分区规划实际控制着土地容量：对土地利用提出具有法律效力的定量控制指标，表明土地的开发强度，包括用地面积、建筑密度、地块尺寸、建筑物后退距离、建筑物的高度和体量等；通过容积率、空地率等指标的设定，对土地的开发强度进行严格控制。

20世纪中后期，美国分区规划体系呈现出多元发展态势，多种规划模型共同存在。欧几里得分区法与形态分区法是其中两种具有代表性的规划方法。欧几里得分区法遵循的是“功能先行，指引随后”原则，先对土地进行功能划分，再依据各功能区的特点制定相应的建设指导，以此实现对城乡土地的精细化管理。该方法类似欧几里得在《几何原本》中的分区论述，将一个给定的区域划分为若干互不重叠的小区域，这些小区域具有相似的性质，并可以用数学的方法进行描述和分析，依据划分地块来简化复杂问题。形态分区法以形态设计准则为工具，基于空间形态考量来划分城乡区域，土地功能并非唯一因素。形态分区法的出现，是对既有分区规划体系的一次挑战，使功能与形态之间的界限变得模糊，功能与形态之争被规划学术界重新提及。形态分区法通过形态控制的方式，让分区规划编制不再局限于二维的数据和功能图示表达，而向着更具复杂性和预测性的三维图形迈进。

新城市主义的发展有其理论基础。

新城市主义出现以前，有许多学者对城市空间形态进行过分析，这些分析的理论成果为新城市主义奠定基础。1961年，加拿大城市学者、作家简·雅各布斯（Jane Jacobs）出版了著作《美国大城市的死与生》。书中对功能主义城市规划提出尖锐批评，探讨了城市生活的多样性和复杂性。雅各布斯对现代城市规划进行反思，认为城市居民在塑造城市环境中应扮演重要角色，反对单一的、功能分区的、完全自上而下的城市规划模式，提倡更加灵活和以人为本的城市塑造。雅各布斯认为，在“正统的规划理论”中，机械的功能分区割裂了城市各功能之间的联系，现代主义理性的方法摧毁了固有的城市形态，导致城市生活的多样性和丰富性丧失。城市规划者们往往忽视城市人群的实际需求和生活方式，制定出不切实际的规划方案。多样性是城市的天性，城市需要尽可能错综复杂，用多样性来满足人们的生活生产需求，应保持小尺度的街区和街道上的各种小店铺，增加人们相互见面的机会，增强城市生活的安全感和归属感。

《美国大城市的死与生》挑战了传统的城市规划理论，推动了城市规划领域的反思和创新，被许多学者视为经典之作。正如“全球城市（global city）”概念的提出者、美国社会学者萨斯基雅·萨森（Saskia Sassen）所说，雅各布斯在城市政策讨论领域，尤其是针对街坊社区渐趋消逝及本地居民被迫迁移的议题上，持续聚焦了“场所”这一核心概念。雅各布斯引领城市跨越传统宏观视角的局限，转而深入微观层面进行反思，更将目光放在构成大都市复杂社会生态的关键要素上。例如，高度多样化的工人群体，他们有独特的生活与工作空间布局，在这些空间背后有悄然运行的次级经济体系。尽管这些细微而真实的面貌在全球化城市的宏大叙事中往往被边缘化，甚至被视为历史遗留的旧物，但雅各布斯采取一种更为贴切、细致的观察方式来揭示：看似与当代全球城市格局格格不入的元素，实则蕴含着城市的本质与活力，将其视为无关紧要的要素是一种偏见。

新城市主义在雅各布斯的论述基础上，形成了更为全面的理论学说，提出城市规划设计不应只限于土地使用法规、环境法和基础设施能力等技术性规定，必须考虑不同地域的城市形态、社会和人文需求的独特性。城市设计面临的问题不仅在于忽略地域性的乡村和城市形态，还在于一些郊区设计元素不恰当地融入城市环境，或城市元素闯入郊区环境，从而磨灭了城市和乡村的形态特征。

新城市主义的应用有其现实需求。

正如美国作家詹姆斯·哈维·康斯勒（James Howard Kunstler）在《不知所终的地理》一书提到的，美国大约百分之八十的建筑是在过去的五十年里建造的，大多数是“令人沮丧而丑陋的，是在精神上具有贬低性的”。受到功能导向的分区规划法规、标准和设计实践影响，建筑如工业产品一样，一时间在全国范围内大规模生产、复制。

美国分区规划法规偏向传统的郊区开发，倾向于单一土地用途划分和汽车依赖，不利于促进土地功能混合、社会文化多元化包容和可持续发展。随着房地产业日益标准化和快节奏增长，标准化开发项目的融资和建设更加容易，居住建筑功能更加齐全，但邻里社区的凝聚力正在消散。美国的国土空间原本是由广袤的自然区域和农田组成的，点缀着小村庄、小城镇和小城市，如今演变成了一个由不同隔离区组成的斑块世界，以机动车需求为导向的基础设施连接起大规模生产的房地产产品。房地产开发无处不在，景观形态与城市、郊区和乡村格格不入。尽管“关于美国景观的理论和研究层出不穷”，但仍缺乏更全面的、基于地方特色的规范性理论框架，新城市主义为其现实问题的解决提供了新的可能。

亚利桑那大学城市规划与房地产开发教授亚瑟·C.奈尔森（Arthur C.Nelson）在《迈向新都市：重建美国的机遇》中，预见了美国城市发展面临的机会，认为“到2030年，大约一半的美国人居住、工作和购物的建筑是在2000年后建造的。虽然这些预测可能看起来令人生畏，但这也表明，2030年将存在的建筑环境有一半现在还不存在，这为当前一代人提供了重塑未来发展的重要机会”。

近年来，越来越多的城市学者关注新城市主义，在形态分析基础上的社区建设增多，都说明了新城市主义研究的增长趋势。但是新城市主义项目也或多或少地面临阻力，阻力的根本来源，在于新城市主义的系统涉及统一的理论和全面的组织，需要不同专业的协调活动。传统的分区方法依赖功能，同质化的分区使不同专业的合作更便利，这种以中立、市场导向和技术傲慢为表象的制度，实际上严重偏向于郊区扩张。以形态分类为基础，当面对一个新的街区或地块时，如果能回答它在城市形态中扮演什么角色，就能更好地理解它。无论是在稳定阶段还是在过渡阶段，每个形态类型都有其自身属性，这不仅是一个关于建筑类型或界面的问题，也是一个关于人文特征、法律和习俗、贸易和生活方式的问题。

除了形态功能之辩，建设与保护的争论也未曾休止。新城市主义和环境保护主义都提出了城乡空间应向着更可持续发展，但二者在如何塑造城市空间形态的问题上存在分歧。新城市主义者认为，过去的半个世纪中，环境保护运动在有意或无意地阻碍城市建设的增长。虽然很多房地产开发项目在保护环境方面有所改善，但环境保护运动在事实上促成了低密度郊区的蔓延。在这一点上，新城市主义与环境保护主义不同，新城市主义在倡导可持续发展的同时，致力于促进城市密度的科学有序提升，以缓解郊区蔓延引发的土地浪费问题。例如，波士顿国家历史公园进行的高密度城市水体恢复行动，通过生态工程技术（人工湿地、生态浮岛等）净化受污染的水体，使水质改善及水体自然循环；恢复水生植被群落，如沉水植物、浮叶植物及挺水植物等，建构多样化的水生生态系统，为鱼类、鸟类等水生生物提供栖息地，证实了城市紧凑发展能够与环境改善共存。

新城市主义与环境保护主义对什么样的城市建设才更人性化也有所争论。城市学者保罗·穆瑞恩（Paul Murray）提出，环境保护主义阻止人工建设发展，这种立场会妨碍高密度城区更新，过分强调自然环境保护将引发城市建设更为松散、无序。需要一种能够平衡保护与发展的方法，重视城市的价值，将城市视为有价值的人类栖息地，而非生态系统的威胁。新城市主义重新思考了可持续发展与环境保护之间的关系，以便更加合理地整合人类社区与自然环境。

经过近十年的理论探讨和实践积累，新城市主义者于 1993 年在美国召开了第一届新城市主义大会，这标志着新城市主义运动的正式确立和理论体系的成熟。在这次会议上，新城市主义奠基人、形态理论研究的先驱安德鲁斯·杜安尼（Andrés Duany）提出，现代美式城市规划的特点正是其失败的根源。尽管很多规划设计方案是通过专家参与的合法规程实施的，但由此产生的规划并不契合发展需要。规划结果通常是多项要素的机械组合，对城镇化本身并无助益。购物中心、办公园区、住宅等分区隔离，建筑与交通道路自成体系且毫不相关，装饰性的景观要素各自孤立，脱离建筑风格。这些人工建设区域在发展成熟之后，很可能成为边缘城市，尽管包含城镇所有要素，但空间活力欠佳，人文性极大缺失。

杜安尼是新城市主义思潮的代表人物，是新城市主义理论的重要推动者之一，他推崇步行友好、功能混合、邻里社区具有凝聚力的城市空间，认为城市设计应该尊重人类的基本需求，创造有利于社交互动和社区凝聚力的环境。杜安尼的代表作包括佛罗里达州海岸（图 4-1）等实践项目，以此论证他的新城市主义观点。

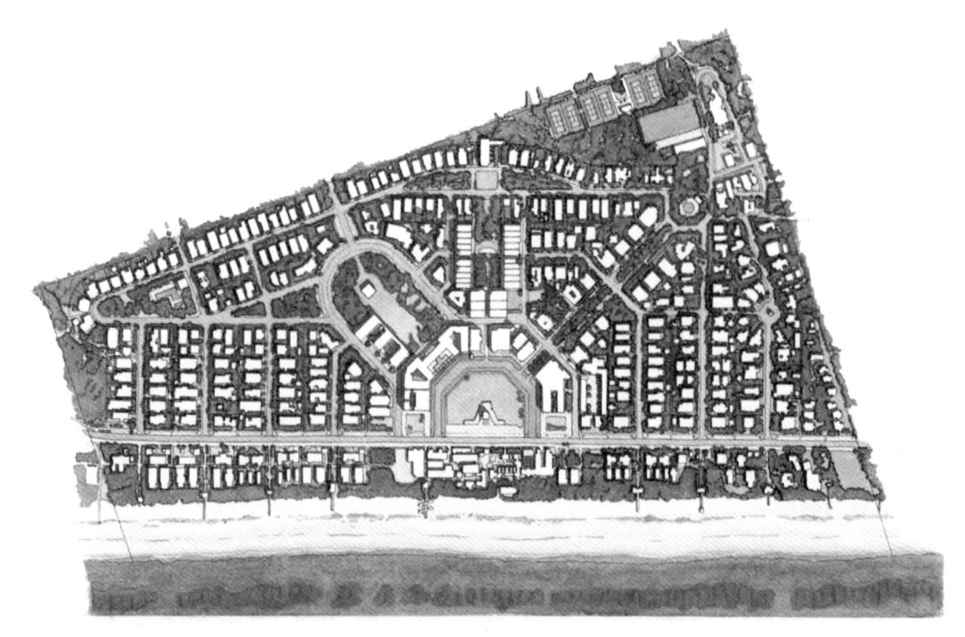

图 4-1　佛罗里达州海岸总平面图

（DPZ 公司，迪鲁·萨达尼）

佛罗里达州海岸是基于新城市主义理念进行的海滨社区规划，主要特色包括紧凑的街道布局、多样化的住宅类型和丰富的公共空间。在设计住宅时，该方案采用了多种建筑风格，包括维多利亚风格、新古典主义风格和后现代主义风格，多样化的排列方式赋予每条街道独特的形态。设计师希望在海滨项目中重新引入传统设计原则，减少私人空间，增加公共部分。因此，社区中的所有房子几乎没有草坪和封闭的后院，后院之间设置了步道，由此更好地方便行人通行，鼓励居民与邻居见面。

该方案设计还保留了自然景观。洁白的沙滩、澄净的天空、碧绿的海水，让该项目比海滩度假村的风景更具有吸引力。20 世纪 80 年代，较流行的做法是夷平沙丘，让海景充分暴露在建筑前面，但是杜安尼团队保留了沙丘的原始状态，使景观更为质朴，也使社区免受海浪和风暴侵袭。自此，夷平沙丘的做法不再流行。

除了佛罗里达州海岸设计，杜安尼还参与了其他新城市主义社区的规划和设计，其项目实践遍布美国各地，以及其他国家和地区，如西班牙、英国等，这些项目均遵循新城市主义原则，建构宜居、可持续和具有社区感的城市空间。

近年来，新城市主义的实践在世界各地涌现。比如 2013 年古巴哈瓦那的滨水空间设计项目（图 4-2），意在修复该市沿着波多黎各大道的海滨空间。波多黎各大道宽约 135 米，核心的建筑是一座露天剧院。该设计将城市结构延伸到海峡边缘，同时在水边修建一条四车道通路和宽阔的步行空间。新城市主义学者罗伯·克里尔（Rob Krier）认为，通过这个项目，哈瓦那市成为一个真正的海滨家园，堪比尼斯著名的“英国人散步大道”或圣塞巴斯蒂安湾，甚至拥有比之更好的建筑漫步体验。

杜安尼在与妻子伊丽莎白·普拉特-齐贝克（Elizabeth Plater-Zyberk）合著的《花园城市：农业城市主义的理论与实践》一书中，对新城市主义理论和农业城市主义思想进行了探讨，提出在不同城市肌理及单体建筑物中插入多种尺度的农业空间理念，以及以农业为导向的新型社区规划模式。

在杜安尼的倡导下，新城市主义大会定期召开，成为推动新城市主义理论发展和实践交流的重要平台。

第一届新城市主义大会邀请了世界知名的城市规划专家、学者和实践者，就新城市主义的理论体系、实践案例、发展趋势等议题进行了深入探讨和交流。与会者分享了各自在新城市主义实践中的经验、教训和成功案例，为其他城市提供借鉴。大会还关注城市规划政策的制定和实施，邀请政府官员、政策制定者和相关利益方

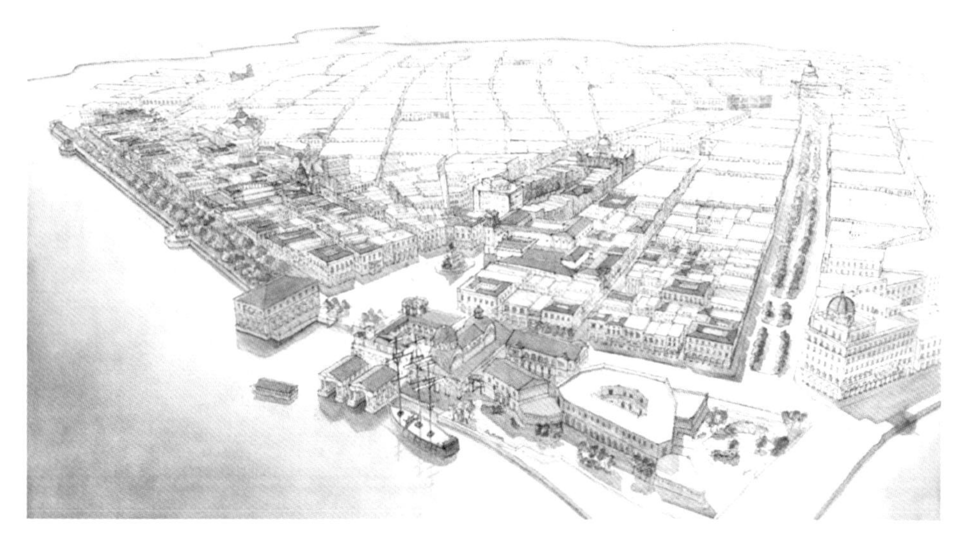

图 4-2　古巴哈瓦那滨水空间设计

（新城市主义学会）

参与讨论，共同推动新城市主义理念在城市规划政策中的体现和落实。 这次会议原计划编纂新城市主义词汇表，给出所有与新城市主义相关术语的定义。 但是，词汇表的编纂工作并未成形。 大多数需要定义的词汇只有在与其他要素的关系中才能解释，简单的分类法不能完全表述新城市主义的核心概念。 直至 1999 年《新城市主义词典》完成，才正式明确了新城市主义相关词汇的概念界定。

新城市主义是对现代主义城市规划的批判和反思，也是对城市未来发展的一种探索和尝试。 1996 年，在美国南卡罗来纳州查尔斯顿召开的第四次新城市主义大会上，通过了《新城市主义宪章》，进一步明确了新城市主义的基本原则和发展方向。《新城市主义宪章》确立了重新构筑公共政策和发展实践来支持人文主义原则，即城市应该在功能和人口构成上多样化，为步行和公共交通服务。 城市应由物质环境完全开放的公共空间和社区机构构成，通过适应地方历史、气候、生态和建筑实践的景观设计达到美化且实用的目的。

新城市主义批判传统美式分区规划引发的城市蔓延和郊区化，提出基于空间形态重新布局城市，促进城市的可持续发展和人的全面发展，追求经济效益、社会效益和环境效益的和谐统一。 新城市主义在全球化和城镇化的背景下，为人性城市的发展提供了新的可能。

4.2 人性城市空间形态

人性城市空间形态以创造与当代人文需求相适应的建成环境为导向，既承认社会因素，也承认自然因素，从而塑造高质量的人类栖息地。人性城市空间形态不同于环境保护主义提倡的限制城市增长（其将自然环境保护置于城市建设之上），而是将人文性体现在自然环境与人工建设的共生机制上，营造紧凑、包容、友好的自然-人工环境。

人性城市空间形态在研究框架内重新审视社区生活的独特性，平衡城市规划与建筑市场力量，建构兼具经济性和形态美的功能场所。芝加哥大学教授艾米丽·塔伦（Emily Talen）认为，“20 世纪城市规划实践中最紧张的关系，是建筑的三维设计和以模式为导向的二维规划之间的关系。房地产中的建筑建造在物理上是具体的、短期的，覆盖一个小区域的单体项目或规划社区。城市规划在物理上往往是模糊的、长期的，以全面的方式覆盖一个大区域”。这种目标尺度和实际功能上的差别，导致一个需要设计技能来传达美和空间概念，另一个需要分析技能来预测和评估社会经济发展；一个寻求空间形式的具体品质，另一个同时考虑整个大都市区及各种城市系统元素之间的关系，调和殊为不易。

塔伦的研究涉及城市设计、建成环境与社会公平等多个方面，致力于探讨如何通过城市规划来促进社会公平、提高居民生活质量，并关注城市设计中的可持续性和多样性问题，是新城市主义的主要学者。她还曾对凯文·林奇（Kevin Lynch）提出质疑，认为林奇对城市空间形态的论述并没有真正解决美国城市设计的现实问题，林奇更擅长描述世界而非改善世界。

人性城市空间形态将目标锁定在调和不同尺度的空间规划设计矛盾，塑造具有美感且实用的多重层级空间形态。作为一种从人体自身出发的设计理念，人性城市空间形态塑造通过人性、社会性和环境性等角度描绘人类栖息地的理想样貌，而非将精神文化与物理形态割裂。

新城市主义者提出了针对不同地域的广义形态学研究方法，提炼连续的、从自然到人工的空间形态谱系。该空间形态谱系的研究具有人文主义色彩，已用于应对北美城市扩张带来的诸多问题。比如，减少不同人群活动系统的隔离，优化步行体系，使人们能在步行社区中生活、工作、购物、娱乐和学习；使无车或不能开车的人，特别是儿童和老人得到应有的安全通行权保障；摒弃按收入、年龄和种族划分人群，提供真正的共享公共空间，凸显公共利益；减少按阶级划分的住房隔离，降低教育机会的极端不公平等；保护农田和荒野，混合城市土地功能，优化不可步行的聚落开发；降低对汽车交通方式的依赖，减少空气污染，倡导能源集约，降低人群肥胖率；提升公共空间的人文性，增设值得审美思考的空间对象等。

当前，尽管郊区生活已经成为一种西方城市的文化理想，但它是一种矛盾的文化理想。郊区的扩张蔓延消耗了景观品质，浪费了土地资源，破坏了公共利益。松散的城市空间形态无法实现便利性、流动性、自然美、个人自由和居民福祉，居住在郊区的人往往也是最强烈反对郊区继续扩张的人。人性城市空间形态在一定程度上反对郊区化行动，以此消解人类活动对自然资源的影响。这一点与环境保护运动具有共识。在城市空间形态塑造的路径选择上，新城市主义者认为，极端的环境保护会引发郊区扩张，将绿色空间同较少的人类活动等同，忽略了土地集约型城镇化的可能性。用自然足迹来衡量人居环境的做法存在缺陷，其将城市仅视为资源消耗者和废物产生者，忽略了城市的价值。

通过梳理可持续城镇化过程中出现的城市设计理念，杜安尼尝试将可持续城市与新城市主义合并讨论，用以解决郊区无序蔓延造成的土地低效利用问题。然而，越来越多的研究和实践都声称是“可持续的”，混乱也随之而来。新城市主义与环境保护主义、景观都市主义等思想的争论至今仍是国际学界的热点。

早在19世纪，德国经济学家冯·杜能（Von Thunen）所著的《孤立国》一书，就构想了城市与郊区关系的抽象模型。这一模型是杜能通过细致的数学计算和观察得出的，用于预测人类在景观和经济中的行为。该模型的核心观点是，如果人们可以按照自己的意愿自由地组织城市周围的景观，他们自然会建立自己的经济体系，包括种植和销售农作物、牲畜、木材和农产品等。经济活动围绕城市形成不同的圈层，核心是繁华的城市市场，周围环绕着广阔的未开发土地。在这一理想化的结构下，地形、气候、土壤肥力、生产费用及交通模式等因素均被视为恒定不变的，以此为基础建构层次分明的农业生产布局。

农业活动规划为四个紧密相连而又各具特色的同心圆区域。最内层的农业环紧邻城市市场，专为城市供应蔬菜与奶制品，确保新鲜食材的即时流通。鉴于木材运输不便，第二环为生产木材的主要场所。第三环则进一步向外拓展，用于种植蔬菜与谷物。这些作物虽占地更广，但能够相对较长时间保存且运输便捷，因而第三环为农业生产最重要的一环。至于最外围的第四环，则专为牲畜饲养而设。牲畜具有自然迁徙能力，安排在距离市场最远处。第四环之外的广袤土地，保持着原始的荒芜状态。杜能还强调了维护绿化带的重要性，认为这不仅是保留开放空间、促进生态平衡的关键，也是应对气候变化挑战的有效手段。杜能的区位理论模型为人性城市空间形态塑造提供了理论指引，新城市主义中出现的自然-人工形态谱系也参考了杜能对城乡关系的理解和抽象绘制。

在可持续的人居环境框架下，人性城市空间形态主张人群和城市文化元素相互支持，体现在人居环境“健康的美感”上。很多欧洲的传统城市具备这种特点，如尺度宜人的街道、比例和谐的街巷断面、充满活力的社会生活（图 4-3），等等。新城市主义下的人性城市空间形态塑造应该蕴含双重意义，其一是既有城区的更新和活力再现，优化居民居住条件，追求人性城市的回归，重拾城市生活的魅力与温情；其二是将目光投向城市的边缘地带，倡导在郊区实施创新性的发展策略，对城市边界进行重构与再塑，对过往郊区无序扩张模式进行深刻省思。城市边缘地带应更新为充满活力的社区，不仅承载居住功能，更应融入多样化的邻里街区元素，建构充满生机、使人互动且兼具归属感的生活场所。

图 4-3　佛罗伦萨街巷空间

人性城市空间形态促进城市文明与自然环境的和谐共生，在高效利用城市资源的同时兼顾人与自然、社会的和谐关系，形成快节奏、低成本、高娱乐的活力焕发模式，尊重人的个性化空间体验、便捷舒适的环境需求以及工作和生活的平衡。

传统邻里社区发展理论（traditional neighborhood development，TND）和公共交通主导型开发理论（transit oriented development，TOD）是新城市主义思潮中两项重要

的理论手段。TND 深植于对往昔邻里温情的怀念与再现中，使城市社区回归纯朴与亲密的邻里氛围；TOD 以高效便捷的公共交通为脉络，编织以公共交通为导向的城市发展网格。

TND 理论主张人性城市空间形态不止停留在对传统城镇风貌的简单复刻，而在更深层次上，对往昔温馨和谐的生活氛围进行现代化的诠释与升华，重建第二次世界大战前极受小城镇青睐的牢固的社区联结纽带。设计上以人为本，营造生活便捷、步行为主、俭朴自律、居住环境与生态环境怡人的社区。通过布局各种社会文化和宗教场所、商店、公共交通中心、学校和城镇行政机构，为居民提供生活和公共活动空间；用四通八达的步行道增加人与人之间的交往，减少对小汽车的依赖和开支；用高效率的土地使用模式保护开敞空间，减少空气污染；保护社区邻里空间特征，避免邻里景观像复制品一般到处出现，把多样性、社区感、俭朴性和人体尺度等传统价值标准与当今的现实生活环境结合起来。

TOD 是新城市主义提出的一种规划模式，通过优化公共交通系统来引导和促进城市空间的合理布局。以公共交通站点为中心，在站点周边一定范围内进行高密度、混合用途的开发，实现土地利用价值最大化，提升公共交通系统的运营效率和服务水平。城市各个区域由公共交通连接，减少对小汽车的依赖，缓解城市交通拥堵。在公共交通站点周边，通过提高建筑密度和容积率，实现土地的高效利用。这种高密度开发不仅有助于提升城市的经济活力，还能缩短居民的出行距离，提高居民的生活便利性。在公共交通站点周边进行居住、商业、办公、文化、娱乐等多种功能的混合开发，可以形成多元化的社区环境。混合功能开发能够促进社区内部的互动与交流，增强社区凝聚力。完善步行和自行车道、设置绿化带和公共空间，能够营造步行友好氛围，提升居民步行的舒适度和安全性。减少汽车尾气排放，可以改善城市空气质量。在优化公共交通系统的基础上提高土地利用效率、促进节能减排，能够实现经济、社会和环境的协调发展。

仅有物质环境方案，解决不了社会和经济问题，但是没有科学的物质环境建设，经济活力、社区稳定和环境健康也无法维持。《新城市主义宪章》中提到，城市中央的衰落、地域感的消逝、无序蔓延、种族问题、收入不断增长的差距、环境恶化、野生环境变化、当今社会风俗对传统的侵蚀等现象已成为城市建设所面临的重大问题。应恢复城市地区原有的城市中心和市镇，实现城市中心更新，重新配置无序蔓延的郊区，使城乡区域真正具有多样化，保护自然环境，保护建筑遗产。

新城市主义通过一系列原则来引导人性城市的发展。

城市层面。将城市界定为以地形、流域、岸线、农田、地区公园和河流盆地为边界而确定的地理区域，是当代世界的重要经济单元，政府合作、公共政策、物质规划和经济战略必须反映大都市区域的经济特性。大都市区域与其内部城市区块和自然景观联系紧密，这种联系是环境、经济和文化等多维度的。耕地之于城市，就犹如花园之于住宅一样重要，人工建设不应该模糊或破坏城市与自然的边界。在现有城市地区内应填空式发展，重新开垦边缘和被抛弃的地区，平衡环境资源、经济投资和社会网络构建。城市地区应鼓励存量更新，而不是向边缘扩张，城市边缘的新开发项目应该以社区的方式组织，并与现有城市空间形态形成整体。非连续性的开发应按照城镇加村庄的方式推进，城市边界清晰，达到职住平衡，避免卧城的出现，任何人工建设都应尊重历史形成的形态肌理和边界。经济型住宅应该予以广泛分配，适应就业机会地，避免贫穷集中。多种交通方式共存，公共交通、步行和自行车系统应该在全区域范围内畅通可达，减少对汽车的依赖。此外，收入和资源应合理分配，促进交通、休闲娱乐、公共服务、住房和社区机构的有效协调。

社区和片区层面。社区和片区是城市开发和再开发的基本要素。社区应该紧凑、步行友好且混合使用，片区是多个社区的集合，由交通走廊连接各社区，包括通路、河流和公园大道等。日常活动应在步行距离内，使不适合驾驶机动车的人群，特别是老年人和儿童，有出行独立性。街道网络应鼓励步行，减少机动车的出行次数和距离，节约能源。在社区内，住宅类型应多样，价格层次应均衡，不同年龄、种族和收入的居民形成多样化社群，形成个人和社会的联系；在合理规划和协调的前提下，公共交通利于组织城市结构并更新城市中心。公共交通站点的步行距离内，应适当规定建筑密度和土地利用性质，使公共交通逐步替代机动车；社区或片区内集中设置市政机构和商业设施，学校位于儿童步行或自行车出行的范围内。通过明确的城市设计导则预见社区发展，公园、小块绿地、球场和社区花园等应成体系，在全社区均衡布置。

街区、街道和建筑层面。城市建筑和景观设计的基本任务是在物理上定义街道和公共空间，使其具有社会和精神意义。单体建筑项目应与周围形态相适应，这比独特风格更重要。街道和广场应步行安全、舒适并且有吸引力，合理的布局、相熟的邻居使街区具有安全感。建筑和景观设计应与当地的气候、地形、历史和已有建筑相协调，市政建筑和公共空间要加强社区标志和社区文化宣传。自然方式的采光通风比机械系统有更高的资源利用效率，历史建筑和景观的保护更新应有效留存城市社会的连续性演变。

人性城市空间形态对传统城镇空间的推崇以自然法为基本依据，能够使城市设计回归人本身。自然法核心在于揭示普遍、客观且超越具体法律体系之上的道德原则。 这些原则如同自然界的规律一般，不依赖于意志或特定的社会制度，而是内在于人性与宇宙秩序之中。 自然法强调个体行为的道德约束与社会秩序的和谐共存，认为存在着一套普遍的道德准则，基于人的理性与良知，能够被所有人通过自我反思与相互协商而发现。 这些准则不仅指导着个人的行为选择，也构成了评判社会制度与法律规范正当性的基础。

自然法并不一定是政治保守主义，也不需要在无关的社会问题上决定立场，既承认人性，也不否认文化的影响，而且可以独立于神学信仰而运作。 在自然法的视野下，城市规划并非仅仅是权力意志的产物，而更应当是普遍人性准则的具体体现与保障。 因此，一个好的城市设计体系应当能够反映并促进自然法的实现，即保障个体的自由与权利，维护社会的公正与秩序，促进人类的共同福祉。

人性城市空间形态的塑造优先考虑城市居民福祉，关注包容性和生活质量。 人性城市空间形态的塑造可以创建所有人都能适应的步行环境，设置充足绿地以增强身心健康，提供可以负担的住房来支持多元化社区建构；通过光线充足、视线可见的公共空间，使安全得到保障，关注人群多样化身份和需求来促进文化和社会包容；提供社区成员参与设计过程的机会，打造实用、丰富、社会繁荣的城市。 对于人性城市空间形态，自然法的优点在于允许论证为什么古典的、传统的城市能够满足人文性需求，为什么城市蔓延在客观上存在非人文性的缺陷。 自然法关注生物学、文化、人类个体和集体行为、人类能动性等的相互关系，不否认人的社会本性和生物本性，这不仅体现在社会正义和人类幸福方面，也体现在城市空间形态设计和美学方面，从而跨越社会和生物决定论的藩篱。

4.3 形态理论工具

新城市主义者在研究城市问题的过程中，使用了“断面（transect）”这一提法，而后，断面形态理论逐渐成为人性城市空间形态塑造的主要理论工具。 断面概念可以延伸到人类栖息地的多种形态当中，从自然环境到人工环境，每一个实体组成部分都可以在连续断面形态中找到相应的位置（图 4-4）。 断面形态基于视觉抽象或压缩的方式对现实空间进行编辑归纳，像一张乡村到城市的广角照片，囊括整个自然区、乡村区和城市区，集中体现空间形态演化过程。 杜安尼认为，断面形态理论阐明了“比我们这个时代任何人都更加清晰的良好城镇规划的要素”，用更通俗的方式，提供了一个理解断面概念的入口。

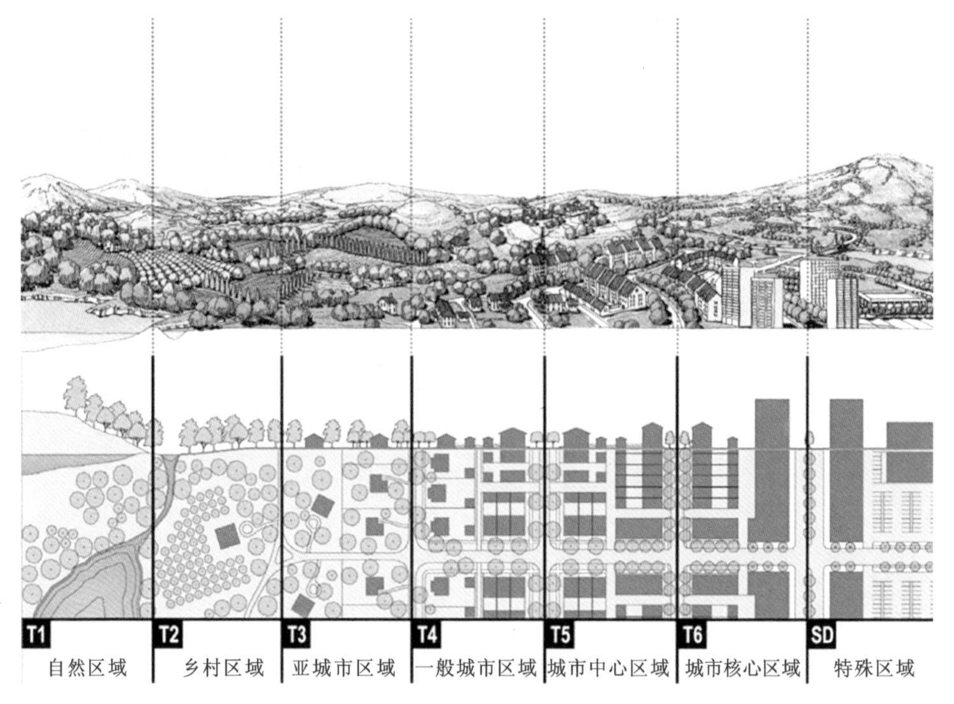

图 4-4　断面形态谱系

（DPZ 公司，作者改绘）

《郊区国家：蔓延的兴起与美国梦的衰落》中提到，新城市主义运动意在阻止郊区蔓延，摒弃以汽车交通为基础的定居模式，代之以形似第二次世界大战以前传统的、人本尺度的规划法则。如何实现这种理想的规划法则呢？在新城市主义思潮中，断面形态理论研究给出了人性城市空间形态塑造的答案，即通过城乡各断面形态的类型学划分，获得人本尺度下宜居、亲切且可持续的形态要素构成方式。

形态研究是一种归纳性研究，利用对自然到人工环境的类型化分解，建构城市分区规划框架。目前，断面形态理论已指导了数百项人文主义导向下的形态设计准则和精明准则编制，实践项目集中在北美地区，近年有向欧洲、亚洲扩展的趋势。正是这些基于断面形态理论的准则编制项目，不断优化了人性城市空间形态塑造路径。1989 年，断面形态理论被《时代周刊》评选为“八十年代最佳”的设计成就之一。

形态通常由建筑形态、街巷形态、社区形态等构成。芝加哥城市规划局认为，形态研究适用于多种尺度，如城市内部组团、城乡协同发展区域、土地所有权发生变化的县区、计划进行基础设施改进的地区等。形态研究侧重在既有建成环境的基础上，保留或重塑城市形态与空间特征。由于不受土地功能划分的限制，基于形态的规划设计使居住和出行空间更紧凑，允许多种住房类型聚居、多种街巷和建筑形式组合，以便缓解社会资源不平等分配，丰富邻里步行空间。

中世纪的乡村与城市断面形态完全是二元的，二者各自孤立，并无从乡村到城市的过渡，也没有防御工事形成的硬边界。在后续发展中，很多中世纪城市随着边界的扩大和安全性的提高，相继形成了较完整的断面形态谱系。根据德国科学家、近代地理学的主要创始人亚历山大·冯·洪堡(Alexander von Humboldt)的论述，19世纪下半叶出现了已知的第一个科学性断面，即厄瓜多尔钦博拉索火山断面（图4-5）。该断面用垂直夸张的方式绘制了火山的烟雾和山脉的顶部，竖向表达了地球表面形态的分类以及垂直的大气状况。但是，该断面只记录自然现象，不记录人类活动。

图4-5 厄瓜多尔钦博拉索火山断面

（亚历山大·冯·洪堡）

苏格兰生物学家、区域规划理论的先驱、思想家帕特里克·盖迪斯（Patrick Geddes）绘制了著名的山谷断面（图4-6）。山谷断面表达了从山脊线到海岸线的普遍断面序列，是第一个将自然条件与人类生存联系起来的断面。

盖迪斯在《进化中的城市》中，详细阐述了他的城市发展理论，提出了“城市区域（city region）”概念。城市不仅是地理上的建设中心，更是复杂的生态系统，其发展与周边地区密切相关。盖迪斯将城市科学（urbanology）引入城市规划术语

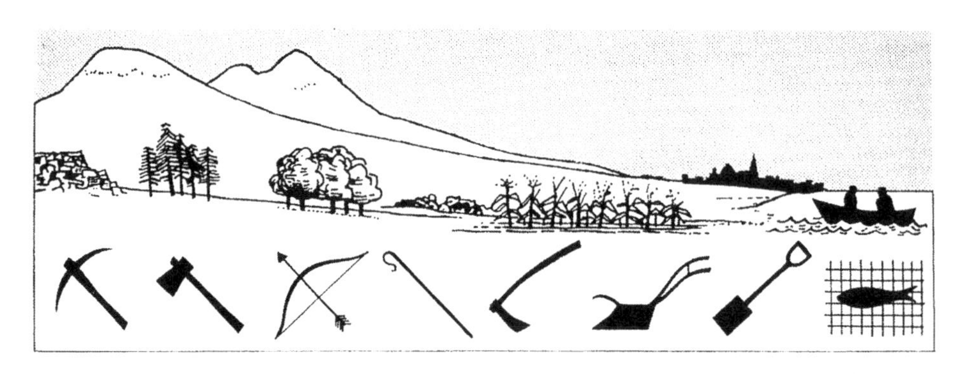

图 4-6　山谷断面

（盖迪斯）

中，在美的意义上发挥每个物理场所的最大作用。他也是首位将“城市群”概念融入城市架构的学者，认为城市和乡村应结合在一起进行区域规划，注重自然环境的保护和合理利用，促进城市与乡村共生。人们对城市的要求是多样化的，盖迪斯呼吁公众参与，把城市变成一个活的有机体。区域规划超越了城市的界限，在分析聚落模式和区域经济背景的基础上，把自然地域作为规划的基本骨架。在盖迪斯的时代，达尔文和《旧约》普遍认同人类开发自然的权利，而在盖迪斯的影响下，环境伦理学开始对人类开发自然的权利提出质疑。

早期的断面形态分区方式还没有将自然与城市结合起来。20 世纪 90 年代，新城市主义学者提出，根据自然资源基础分析不同空间形态元素，以邻里边缘区、邻里一般区、邻里中心区和城镇中心区作为空间形态分区的名称。与大多数呈现连续关系的图表不同，断面形态谱系观察记录典型地区的十字路口，给出斑块或原型概念，反映城市的公共空间形态。

新城市主义思潮涌现以后，许多空间形态研究和城市设计项目尝试绘制对象基地的断面形态谱系。断面形态图中经常描绘蜿蜒的道路穿过逐渐密集的乡村与城市建设环境，表征从乡村到城市断面的本土化过程，如卢森堡的埃希特纳赫市（图 4-7）、英格兰南部的赫特福德郡图等。断面形态研究不断扩展，完成了自然到人工环境的概括性全过程绘制。

断面形态谱系划分出从自然到城市核心的层级结构，横跨乡村、郊区和城区。这种城市序列的提出似乎具有反对郊区化、提倡城区化的倾向性，郊区可能被空间治理抛弃。从社会学角度来看，形态研究把完全没有联系的陌生人集合到一起来汇聚社会资本，而郊区通过进一步的私有化来抑制社会资本。1981—2018 年的形态研究实践项目统计表明，城区和郊区都是社会发展过程中必不可少的聚居形态，“集约”

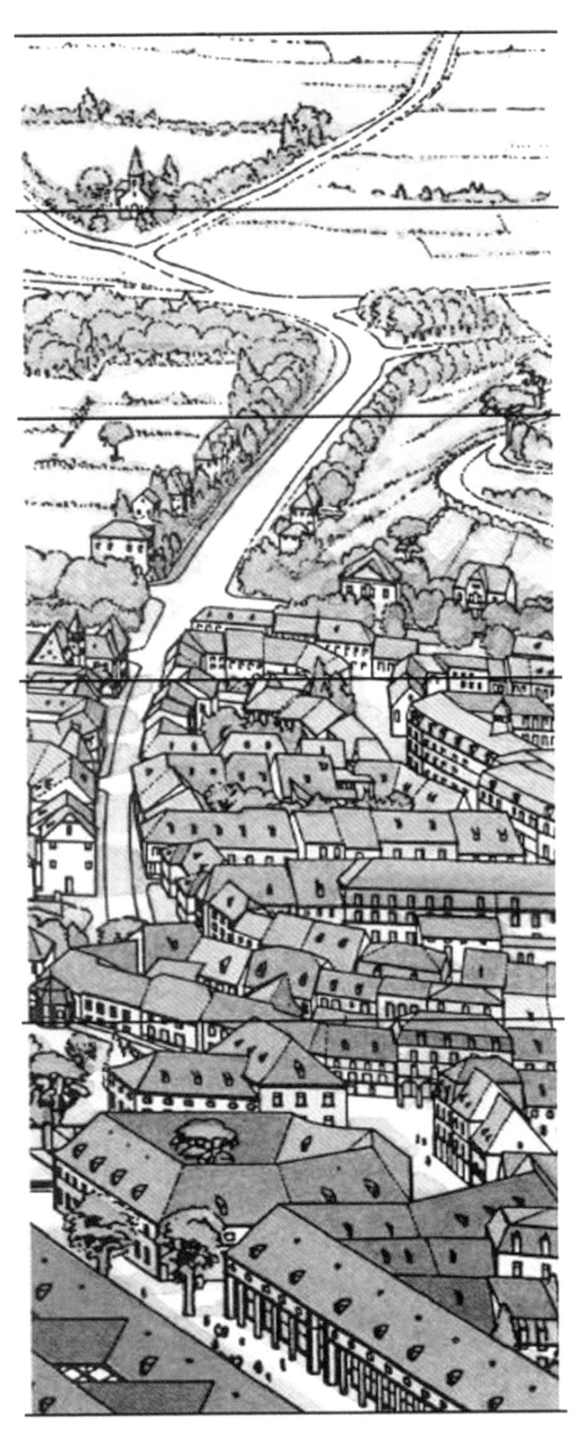

图 4-7　埃希特纳赫市的空间形态序列

（里昂·柯尔）

不是城市核心区特有，“蔓延”也不是郊区特有。虽然形态研究支持集中开发，避免向郊区蔓延，但并不意味着城区比郊区更“好”，美式城市形态研究的核心，是抑制逆城镇化带来的用地蔓延和机动交通依赖。

1850—1940年的大多数美国城市，无论哪个地区的断面形态都十分相似，变化的主要是自然环境和建筑表现形式。夏威夷毛伊岛的断面形态展示了新城镇的自然和文化秩序。在夏威夷群岛，人们的定居活动不是一种复兴，而是一种生存。远在老挝琅勃拉邦的断面形态同样展示了位于岛屿的村庄，从海洋到岸线，再到住宅和寺庙，断面形态理论工具在亚洲城市中得以应用。

断面形态不仅是一种理论工具，也是人性空间形态塑造的实践指引，用基于形态的设计准则，替代基于土地功能的分区规划，按照由自然到人工的分区原则再现城镇的独特风貌。断面形态理论为精明准则、形态设计准则等提供了依据，许多规划师、城市设计师和建筑师都正式或非正式地使用断面形态理论，辅助城市设计、社区规划、建筑和开放空间的设计，编制符合地域特征的导则和条例。

断面形态谱系将不同的形态类型并置，形成从乡村到城市的一系列区块，由建筑类型、高度、开放空间和街道设计等具体特征定义分区类型，共同再现每个地区的空间形态特色。例如，华盛顿精明准则的标准化断面，反映了华盛顿特定的建筑和公共空间特征。为了避免像土地功能分区那样扼杀本地文化，断面形态研究至关重要，以此快捷、高效地向公众展示人文环境特征。在实际应用中，断面形态的绘制既是技术手段，也是政治途径。如果能清晰地向社区人群描绘出其所处的位置，人们会更加信任设计方案，信任设计师能了解他们的处境，从而推进城市设计的公众化进程。

在社区建设中，空间要素与人群活动关系密切，断面包含的内容更为细致，从而塑造理想的居住空间。比如，在美国城市中，社区的临街界面一般作为建筑物外墙与地块线之间的部分，具有私人属性。除法律标准外，断面形态还提供直观的设计说明，公共部分的临街面是路缘、人行道和花槽等元素的集合，按照断面分区中特定类型的道路进行设计。断面形态谱系可以无限延展，据此编制从乡村到城市的空间形态设计标准，由宏观到微观多模式层层嵌套。每个断面形态类型都包含与之相适应的元素，具体设计标准在引出的形态设计准则中予以描述。

断面形态设计项目佐证了断面形态理论的有效性，为塑造人性城市空间形态提供设计框架，能够建立空间形态与人群活动之间的联系，反映不同地域的差异，补充并支撑基于土地功能的分区规划，从而在更广阔的生态和社会背景下，理解人本尺度的生活生产空间。

基于盖迪斯、麦克哈格和亚历山大等的讨论，杜安尼对断面形态研究进行了阐释："断面形态的起源是一个地区的地质断面，用来揭示环境序列。城市和乡村断面形态通过分析自然和人文生态，说明不同地区的多样化形态特征，如海岸、湿地、平原和高地等。就人类环境而言，这种城乡交叠的断面形态可以确定一系列不同建设程度和强度的城市区块。在城市规划中，建筑、地块、土地功能、街道等元素的组合是城镇化和城市形态建构的基础。"

断面形态谱系的绘制始于杜安尼和另一位新城市主义者——杜安尼的弟弟道格拉斯。20 世纪 80 年代的一个傍晚，杜安尼和道格拉斯在海滩上漫步。道格拉斯是一位自然形态研究者，他让杜安尼摸摸脚下松软的沙子，又摸了摸海藻，他们注意到从硬质潮汐海滩到干枯海藻的地质变化。他们沿着斜坡走到第一个沙丘样松软沙地，再走到杂乱陆地植物生长的低谷，然后再走上第二个沙丘，下到第二个水池，这个水池的有机物呈褐色，植物种类也更加多样。道格拉斯带领杜安尼所感受到的，正是杜安尼后来理解的自然法则的基础，也是断面模式的前身。受道格拉斯的启发，杜安尼与妻子伊丽莎白一起设计的佛罗里达州海岸，成为首批拥有自然水文和本地物种的城市景观之一，为海岸社区建造提供了新的视觉符号指引。十年后，道格拉斯和杜安尼在迈阿密的海滩又进行了一次漫步。这是一次城市漫步，他们从东向西穿过城市，虽然穿越的每条大道都是笔直且南北向的，但可以看到每条街道有明显的区别。也就是这次，杜安尼与道格拉斯谈到了断面形态。从此以后，杜安尼每到一个城市，都使用断面来了解和记录空间形态。

就像很多新兴的城市研究一样，断面形态理论也受到过一些批评。质疑点主要在于，人们认为该理论或许更像是一种宣传广告，用过于概括、过于美化的图形语言掩盖城市的复杂性和多样性，忽略了各地独特的形态演变。尤其在一些历史悠久的村庄、集镇和城市，断面形态理论用几近"制式"的方式，表述具有独特历史特征的城市空间，这显然是不符合实际的。城市学者吉米·科雷亚（Jaime Correa）认为，不同文化背景的城市，断面形态谱系不应趋近相同，套用断面形态谱系的工具模板，聚落的独特性难以展现。尽管断面形态理论将环境因素、人群要素与城市设计相结合，以此指导城市形态重塑，看似批判了功能导向的规划模式，但这是用一种低效系统取代另一种低效系统。或许不同城市可能存在共同的形态构成元素，而城乡断面理论却无法囊括不同城市数百年发展的错综复杂之处。

断面形态理论在学界和业界受到广泛关注，对其的支持或批判从未停止。但是，它在新城市主义思潮中有效扮演了重要理论工具的角色，应对分区规划的形态与功能之辩。尽管基于土地利用性质的分区规划在过去近百年时间里得到了广泛应用，但其诱发的无序蔓延、城区空心化、土地资源浪费等广受批判。断面形态理论鼓励土地混合使用来复兴城市中心，对功能分区进行了有效补充，成为北美分区规划的新模式。

典型的断面形态谱系由七个断面类型组成，包括自然区域（T1）、乡村区域（T2）、亚城市区域（T3）、一般城市区域（T4）、城市中心区（T5）、城市核心区（T6）和特殊区域（SD，special district）。在不同地域范围内，谱系中所描述的各个区域的实体空间表现形式也不相同。比如，美国传统乡村生活与这片土地上的农民关系密切，农场通常有长满树木的绿地，周围有墙或栅栏分隔，房子和土地就像从村庄搬到田野。而在西班牙部分地区，乡村区域的房屋只在中午农民耕种的时候使用，晚上农民会回到城市的家。农场工人住在一排排租来的房子里，并不追求耕地房屋的品质。

一般城市区域的形态及其构成原因也具有复杂性，横跨从独立住宅到城市建筑的多个梯度。这不仅是建筑类型差异的问题，还涉及密度、建筑材料、排布形式等因素。相邻的建筑可以是独立的，也可以与地块相连，平衡通风和隐私需求并不容易。复杂的住宅建筑类型，如并排双层住宅、集群城市住宅、多层住宅等，都是在形态与功能的权衡妥协中出现的。

城市核心区是城镇化程度最高的区域，一定程度上是城市中心区的增强版，是比城市中心区更密集的空间。在 19 世纪发展起来的机动车交通方式下，城市才有可能出现该类形态。写字楼、百货公司、火车站等与普通建筑有着根本的不同，让人们可以暂时放弃街道空间，在建筑内完成活动需求，把公共生活从街道上暂时抽离。

实体空间的所有组成部分都能从“最乡村”到“最城市”的形态谱系上找到比对（图 4-8）。例如，硬质街道比土路更城镇化，加高的路沿比泥泞小径更城镇化，砖墙比瓦墙更城镇化，树阵比树丛更城镇化。即使是照明设施，也可以根据路灯的制造工艺从大都市到乡村而有所不同。断面形态的这种递减，被系统化地分为多种形态类型，每个类型都有其独特的要素和要素组合特征。

断面形态理论的发展得益于 20 世纪下半叶的多元城市设计模式讨论。1956 年，哈佛大学举办了首届城市设计国际会议，标志着现代城市设计学科的确立。该会议的核心议题之一，即聚焦于如何有效提升公共空间的质量，破解由传统分区规划引发的空间僵化与特色缺失问题，由此引发了后续一系列增强城市设计灵活性的管控技术的诞生。

1961 年，纽约市的《1961 纽约区划则例》正式颁布，实施了容积率奖励、规划单元联合开发、开发权转让等创新性的管控指标。这些指标的引入，对美国各大城市的公共空间塑造与设施建设意义重大，为城市规划者提供了更为灵活多样的设计依据，以便应对日益复杂的城市挑战。然而，该条例实施效果却不理想。其根本原因在于，这些指标和规划技术依然根植于分区规划条例中功能分区、土地细分的传统框架，实际成效受到城市经济基础与市场开发条件等外部因素的影响。在经济发达的城市中，这些技术能够得到较为充分的运用与发挥，而在其他城市，因条件限制而难以达到预期效果。基于此，有学者提出批评，将城市更新比喻为“创可贴”式改造，在解决深层次城市问题时存在局限。

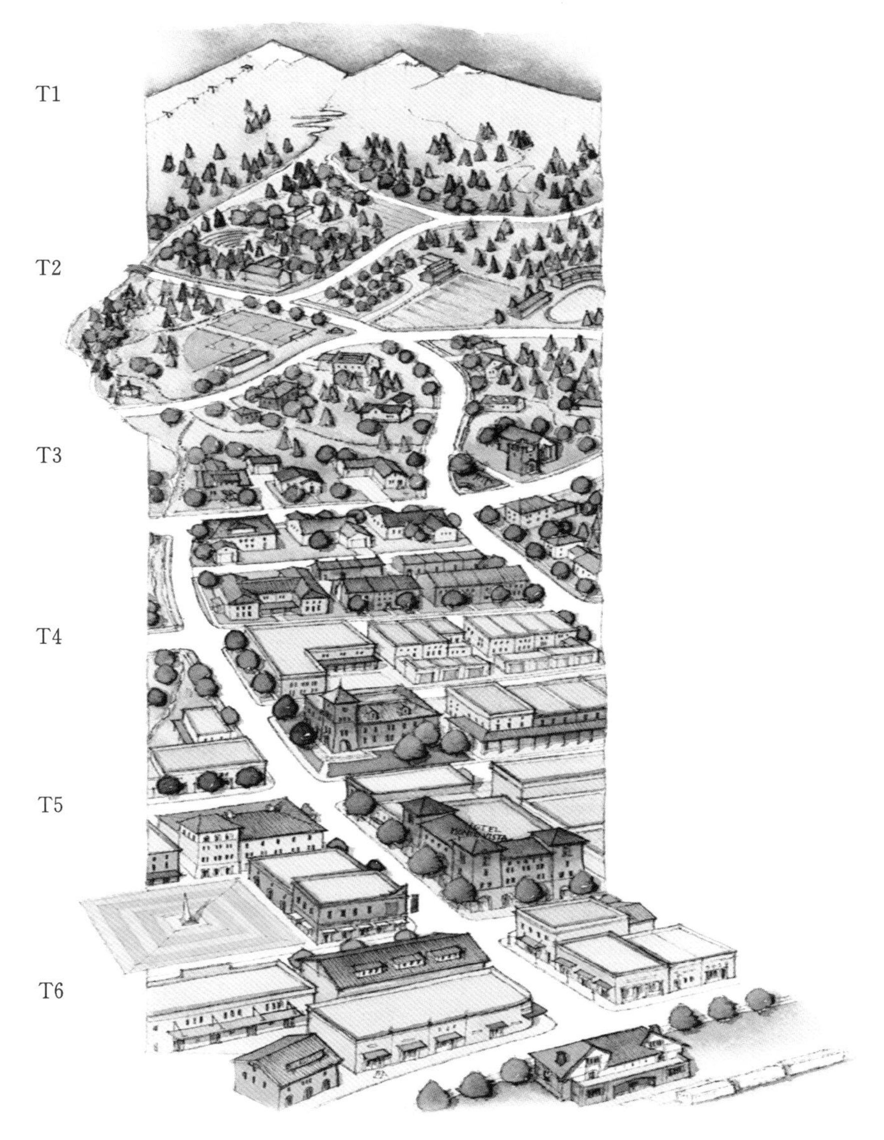

图 4-8　弗拉格斯塔夫镇的断面形态

（形态设计准则学会）

断面形态理论补充了土地利用性质导向的传统分区规划，为解决该类问题提供操作指导。但是，断面形态理论本身具有复杂性，有学者批判其与传统的分区规划差异太大，对基于断面形态理论的形态分区规划能否适应现行法律体系提出质疑。当断面形态谱系用于区域尺度时，其复杂性增加，不同类型的规划部门协调难度加大。另一个争论点是，北美城市和乡村地区已存在大量的单一用途土地,如住宅区和办公园区，对这些土地进行功能的混合和置换，实施起来多有困难。理想情况是随着时间的推移和市场的影响，这些地区转变为更多样化、更适合步行的社区。

除了新城市主义的断面形态理论，其他城市研究思潮中也出现过关于断面的讨论。本顿·麦凯（Benton MacKaye）作为美国先锋环保主义者，构思并建造的阿巴拉契亚绿道，不仅为公众提供了亲近自然、享受户外活动的场所，也为生态保护作出了贡献。绿道作为一种线性的开放空间，能够连接和保护自然-人工区域。正如麦凯在《新探索》一书中首次提出的，可通过建立保护地的城市系统来控制城市扩张，“绿道是用脚来行走、用眼来观看、用心来体会的”。麦凯通过对波士顿周围一系列典型地点的采样，绘制了具有科学性和生物学性的断面形态，从而帮助人们理解这些地点的自然特征和生态状况，观察各部分之间的内在联系和潜在影响。他基于生物学性断面形态，精准制定区域公园系统规划，支持波士顿的“绿色项链”计划，促进城市的可持续发展和生态保护。

建筑师雷蒙德·昂温（Raymond Unwin）是霍华德“田园城市”理论的追随者和实践者，创作了园林城市模式的断面，以农业绿化带为边界，村庄出现在绿化带之外。虽然田园城市的实践面临一些挑战，但昂温的贡献在于将这一理念落实到实施层面，提出“卫星城”概念。从关注工人阶级的住房问题开始，他提出了改善工人阶级住房条件的措施和方法，通过建设卫星城来疏散大城市的人口和产业，缓解大城市的压力和拥挤问题。在著作《城镇规划的实践》中，昂温用丰富的城镇规划图示说明了如何在人的尺度上规划城市，对建筑、街道、广场和其他公共场所的布局进行了阐述。在此基础上，乔治·麦肯齐的断面研究展示了城市的结构特征，郊区腹地与昂温的城镇硬边界形成对比。

杜安尼用《清明上河图》来说明断面研究的普适性（图 4-9）。伴随着人类活动，《清明上河图》以长卷形式和多点透视方法，描绘了北宋都城空间形态呈现的序列式变化，从乡村逐渐演变为更具有人工性的亚城市区域、城市中心区和城市核心区。隐含的城乡断面充满意趣，从郊区到城内的一路景观，包括人物、牲畜、车轿、船只、房屋、桥梁、城楼等，展现了宋代建筑的特征和社会生活风貌。断面的绘制具备跨文化的能力，表征了不同地区城乡发展的自然规律。

图 4-9 《清明上河图》

（张择端）

断面形态理论为理解城市空间提供了新的视角，用三维的形态塑造补充传统的二维规制。形态理论的未来研究任重道远，可以预见的是，应该涉及城乡规划设计的多个方面，包括断面形态理论在现行规划法规体系中的融入，在密集城市尤其是高密度城市中的具体应用策略，如何调和新城市主义者、景观都市主义者的多样化观点等，这些都具有广阔的研究前景和理论优化空间。

4.4 形态与社会梯度

进入21世纪以来，美国城市面临着一种独特的局面。城市发展虽然能促进经济增长，但公众对城市发展普遍存在抵制情绪，市民积极反对房地产开发。经济增长能带来共享繁荣和更丰富的物质供给，但也意味着更拥挤的交通、更复杂的社会问题、更多的税赋和更压缩的开放空间。这导致了城市建设的僵局——公众反对城市建设和人口密度的增加，亟须人性化、有利于改善人居环境的城市发展模式予以解决。

社会梯度是描述地区社会结构和差异的社会学概念。在特定地理区域内，由于经济、文化、教育、职业等多种因素的影响，人们的社会层次或社会地位存在差异，体现在居民的收入水平、受教育程度、职业选择、生活方式以及社会参与度等多个方面。根据世界卫生组织的论述，社会梯度影响人们的健康程度。社会经济地位与身体机能、生活状态等具有可衡量的关系。随着社会经济地位的提高，人们的健康状况也会改善，包括预期寿命、发病率、获得医疗保健服务的机会等。健康结果在不同的社会和经济水平中是逐渐变化的，健康的不平等与贫富差距有关，而且在一系列社会和经济序列中普遍存在。

社会梯度对地区发展、社会稳定以及个体福祉都存在不容忽视的影响，可能导致城市社会资源分配不均，减弱地区的整体竞争力。过大的社会梯度会加剧社会矛盾和冲突，妨碍社会的和谐稳定,也可能导致个体人在医疗保障、机会获取、社会参与等方面的不平等，降低生活品质，影响身心健康。城市的发展模式是否人性化、可持续，社会梯度是一项重要的影响指标。

经过近四十年的积累，新城市主义逐步向人性可持续城市主义（humane sustainable urbanism）迈进。人性可持续城市主义吸取环境保护理念，从社会性和生态性视角探讨城市空间形态，与可持续发展指标保持一致，建构更加人性化、可持续的城市，弥合割裂的社会梯度。城乡形态研究将麦克哈格的环境原则延伸到城市，沿着从乡村到城市的连续断面，将城乡各种物质空间和人文社会元素联系起来，构建自然栖息地（图4-10）和人类栖息地（图4-11）的秩序系统。人的每一项活动，以及与之相关的城乡结构元素，都可以与断面形态谱系的某个位置对应，这些元素构成了自然和人类生产生活的关联体，阐释着多元化的居住密度、社会交往和人类活动的机会。

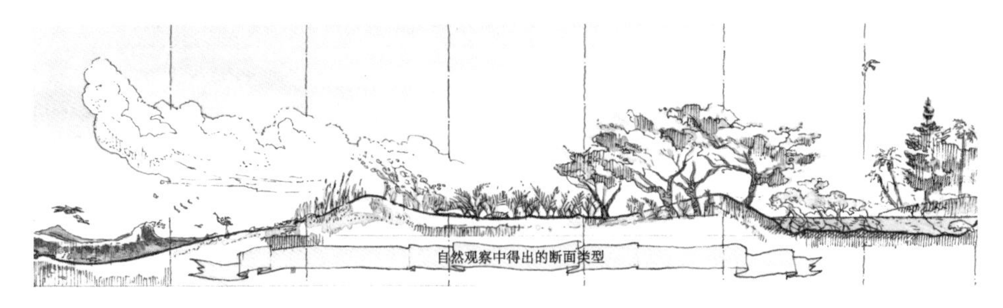

图 4-10　自然断面图示

（詹姆斯·华瑟）

图 4-11　从自然到人类栖息地形态

（凯文·艾德姆斯等）

人性可持续城市主义促使自然与城市相互适应，而非让城市止步于自然的边缘。杜安尼对伊恩·L.麦克哈格（Ian L.McHarg）的《设计结合自然》一书中的观点持怀疑态度，认为麦克哈格的环境保护主义算是一种全面的改革尝试，也被一些政府官员采用，但城市与自然共存的设计观止步于绿地本身，既不包括人类栖息地，也没有为人类社会提出建议。麦克哈格的研究倾向单一用途的分区，在社会经济和环境表现中与传统的无序蔓延没有差别。要将麦克哈格的“设计结合自然”落实到当代城市建设，可以通过人性可持续城市主义方法来实现。

麦克哈格是英国著名的环境设计师和规划师，他将景观视为一个生态系统，包括地理学、地形学、地下水层、土地利用、气候、植物、野生动物等多个要素。他主张通过地图叠加，将各个要素的单独分析综合成整个景观规划的依据，形成“千层饼模式”。与新城市主义不同，麦克哈格批判了以人为中心的价值观，强调人与自然的和谐共生。他通过实例分析阐述工业城市扩张带来的问题，提出在尊重自然规律的基础上建造可共享的人工生态系统。基于对东西方哲学、宗教和美学等进行比较，麦克哈格认为，不同文化背景的人对自然关系的观念不同。那些相信人和自然是不可分割的民族，其建造的城镇和景观会呈现出与自然和谐共生的、更优秀的特征。人性可持续城市主义试图融合麦克哈格的自然观与杜安尼的城市观，将自然与社会结合在一起，提炼不同时期、不同地点和不同文化在实体空间中的映射，追寻城市塑造的理性法则。

城乡断面展示了城市与自然环境是如何相互交织与相互影响的。人们沿着城乡交界的边线，能够清晰地看到从纯自然环境逐渐过渡到城市环境的过程。在城市的一端，自然环境有着羽毛一样的边缘，生态系统逐渐过渡到人类居住和活动的边界地带。这种边界地带是生态脆弱区，也是生物多样性丰富的区域，对于城乡生态健康至关重要。而在城市的另一端，即使是高楼林立的高密度核心区，也可能会有建成区与河流等自然生态系统相接。这种无过渡的突然相接，往往是城市在扩张过程中对自然环境的切割和破坏所导致的。即使在这样的环境中，也能发现河流、湖泊等自然元素对城市生态的积极影响，比如提供水源、改善微气候等。

人性可持续城市主义更适宜应对社会梯度过大引发的系列问题，根源在于以形态而非功能为基础，摒弃严格遵照土地功能划分的控制条件。按照传统的分区方式，在城市设计开始之前，城市就通过工程标准、分区条例和其他监管机制过滤掉了社区社会建设。而人性可持续城市主义通过断面形态塑造人群混合、行为交叠的公共空间，基于形式的分区产生可预测的物理结果和居住模式。形态类型学不是简化和分离城市，而是确保从乡村到城市范围内有良好的形态毗邻关系，保留特色和多样性，促进社会的人文性发展。人性可持续城市主义拓展了断面形态理论和麦克哈格理论，将新城市主义和景观都市主义结合起来，支持多样化、公平化的城市社区，用断面形态的提取缓解人工与自然之间的失衡，使人类对社会生存更具有选择权，鼓励人类居住公平化，促进人群身心健康。

新城市主义与景观都市主义在理论思想上存在差异。世纪之交，传统的郊区化争论已经演变成了新城市主义和景观都市主义的争论，人与自然究竟孰先孰后？什么样的人地关系才是真正的和谐关系？景观都市主义强调自然过程在塑造城市和区域中的作用，批评新城市主义过于忽视自然，认为城市设计应该更多地关注环境的可持续性，而不仅仅是社会公平和经济效率。由此，二者在建筑风格、公共空间设计和对自然的处理上均存在差异。

新城市主义倾向于用传统的街道网格和建筑立面来定义空间，而景观都市主义则强调景观作为结构媒介，将建筑视为景观中的独立对象。新城市主义追求城市的紧凑性、步行友好性、社区感，主张回归传统的城镇规划原则，将多重土地功能混合，以减少对汽车的依赖，鼓励人们更多地采用步行、自行车出行等低碳出行方式。新城市主义注重社区的凝聚力和归属感，通过创造公共空间、举办社区活动等方式，加强邻里之间的交流和互动。 而景观都市主义则更侧重于将城市视为一个整体的生态系统，强调自然生态在城市规划设计中的重要地位。 景观都市主义关注城市与自然环境之间的和谐共生，通过引入自然元素和绿色空间，改善城市环境，提升居民的生活质量。 景观都市主义也认同城市的多样性和动态性，注重不同区域之间的有机联系和互动。

新城市主义学者认为景观都市主义更像一种绿色美学，城市的蔓延或许提供了有价值的绿色美学土壤，从而美化郊区的无序扩张和土地资源的浪费，推动汽车主导的城市发展。 城市周边的大型超市、巨大停车场等在事实上加重了人们出行的机动车依赖，但这种实际影响却被绿色屋顶、屏幕和多孔铺砌的停车位所掩盖。

景观都市主义与新城市主义的思辨在学术界一直存在。 近年来，新城市主义工具部分吸取了景观都市主义的设计技术，并逐渐融入已有的理论体系中，形成了更加全面和实用的城市规划与设计方法。 尤其在断面形态谱系中，借鉴了景观都市主义的研究方式，在城市中心区、核心区等部分存在条件下，补充了原有自然形态中细类的缺失。

以功能和土地经济为导向的城市分区规划难以维持良好的自然生态系统，在技术上与环境标准并不相符；景观都市主义注重自然多样性，但对城市社会复杂性关注不充分，在实践中也难以完全落实。 人性可持续城市主义平衡了城市和郊区的多方面因素。 城市和乡村结合的断面形态绘制，在环境保护主义、景观都市主义和新城市主义之间架起了一座桥梁，在从自然到人工的一系列空间形态中织补环境保护网络。 形态类型学的讨论可以补充传统的以功能为导向分区规划，考虑社会经济活动和自然地域条件，在设计的初级阶段就做好形态构成元素的排列组合工作，以保持或增强后城镇化时代的形态、功能、生态和社会多样性，促进社会融合。

人性可持续城市主义是面向人性化、可持续的城市规划思想，倡导以步行为基础的规划，用更紧凑的生活空间减少机动车的使用。 正如新城市主义所描绘的，人的城市应是一个日常生活基本需求在步行距离内能得到满足的生活空间，建筑不完全是高层建筑或巨型结构，而是在规范指导下，根据环境变化顺序设计的多个相邻建筑。 通过这种结合，城乡环境的所有可持续性特征将得以实现。 城乡形态研究既是一种理论，也是一种工具，是一种限制现代城市肆意扩张、满足人文需求、缩小经济社会差距的方法，城市扩张在美国无处不在，带来对汽车的依赖和明显的土地消耗，如不加以遏制，易导致爆发更严峻的大城市病。

人类居住的多重需求和生活方式偏好，塑造了住宅设计的社会价值观。 除了对形态的分类，社会学家辛迪·布劳尔（Sidney Brauer）根据生活方式（而非地理位置）对社区进行了分类，指标包含社区氛围、社会参与程度、居民选择权等，由此确定当代城市的四种社区类型，即中心社区、小镇社区、合伙居住社区和隐居社区，每种社区都提供不同程度的生活氛围。然而，该研究简化了住房偏好市场，人在不同人生阶段对不同类型社区的需求不同。传统的调查无法捕捉到复杂偏好，这些偏好通常与社区所在的断面形态谱系上的位置有关。断面形态谱系绘制了自然到城市区域的住区模式和建筑形式，以及从乡村到城镇的过渡方式，为土地利用、建筑类型和环境标准等提供设计依据。据此，专业人员能够在规划设计过程中推进协调工作，向本地居民、管理方、地产方等人士讲解设计与监管路径。

从新城市主义到人性可持续城市主义的发展轨迹看，基于形态的设计理念已逐步支持形态设计准则、精明准则等被确立为具有法律效力的规范性条文。形态研究的空间应用范围广泛，横跨了从微观社区邻里至宏观区域的整体范畴（图 4-12）。形态设计准则学会界定了形态设计准则的概念，即聚焦于物质空间形态而非单一土地功能的开发管理框架，基于断面形态谱系工具推动公共空间品质的优化与提升。

形态设计准则关注的是建筑物和公共空间的物理形式，而不仅仅是功能用途。传统的分区规定土地用途并根据功能施加限制，而形态设计准则优先考虑形态设计，以创造具有人文性的空间环境，强调建筑物与周围环境的关系。形态设计准则已成为当前美国一项重要的空间形态塑造指引原则与城镇发展的管控法则，展现了超越传统分区规划条例的独特价值。

人性可持续城市主义深受新城市主义思潮影响，摒弃传统分区规划体系下，单纯以土地功能分区规划为基础的管控逻辑，转而强调形态特色塑造与场所精神营造。人性可持续城市主义以形态类型作为核心管控要素，建构高品质的公共空间环境，弥合社会梯度。人性可持续城市主义还可作为一种新型的开发管理工具，依据城市设计的内在逻辑划分空间结构，并将其凝练为一系列清晰的形态类型，形成城市规划文件，涵盖公共空间标准、建筑风貌要求、临街界面类型、街区布局规范及建筑设计准则等核心引导维度。由此，人性可持续城市主义推动城乡空间向着人文性、可持续转变，使传统的土地利用性质导向转变为空间形态特征导向，最终实现城乡空间管理的标准化与法制化，形成具有普适意义的法定术语体系。

人性可持续城市主义融合麦克哈格的自然观与杜安尼的城市观，将自然与社会结合在一起考虑。作为新城市主义的延续，人性可持续城市主义在工程项目实践中逐步完善，为城市建设的紧凑性、复杂性、完整性、连通性、社交性和成本效益等提供支持。随着人性可持续城市主义逐步取代郊区扩张，一个世纪以来人们寻求的人工和自然之真正结合在快速向前迈进。田园城市理想仍在，人性可持续城市主义在今天的城市建设中发挥着更重要的作用。当对自然生态的防御性保护难以真正促进可持续发展时，融合自然环境保护理念、以人文性为导向的开发模式或许更适合当代城市。这是今天人们需要的城镇化。

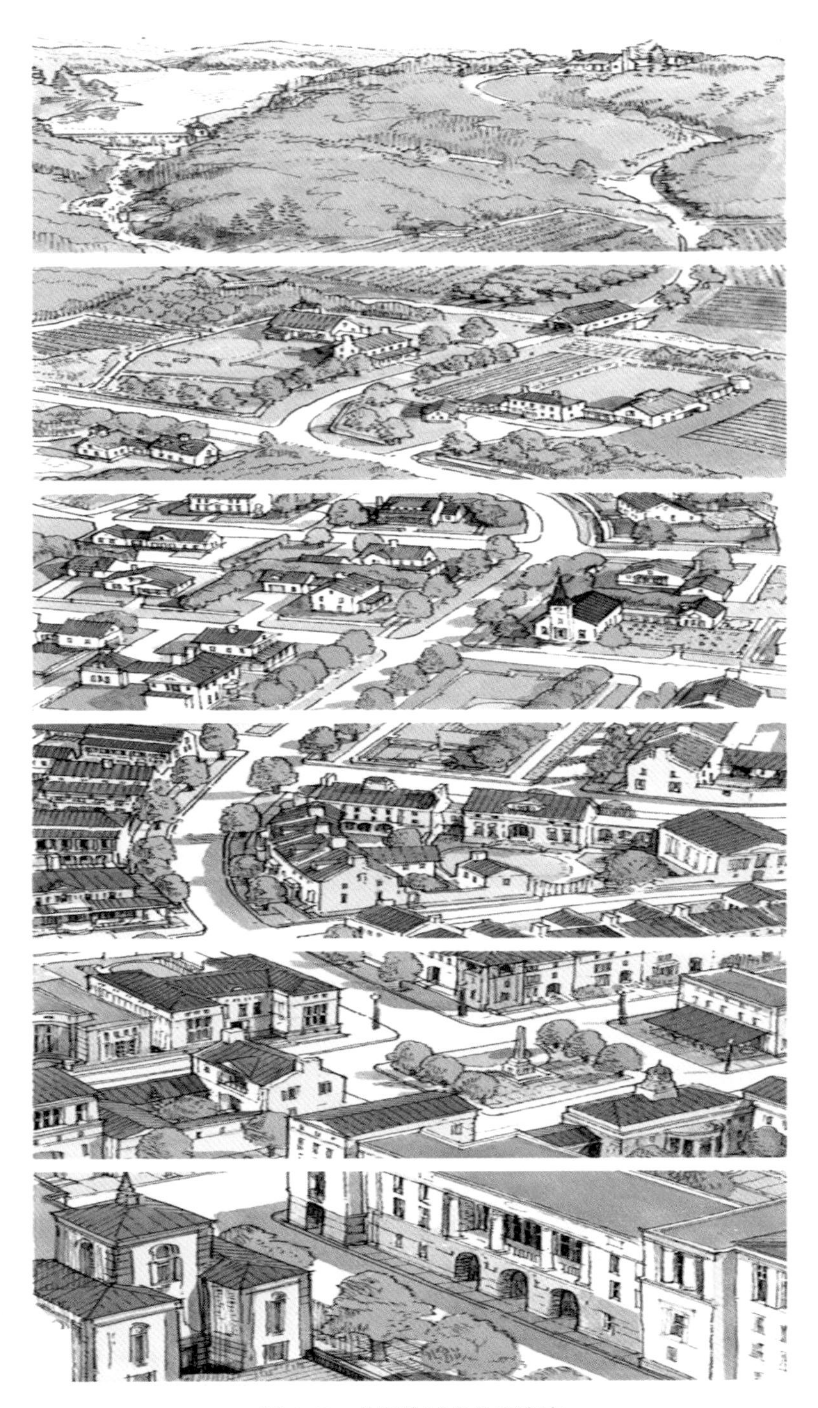

图 4-12　美国的城乡住宅演变

（詹姆斯·华瑟）

5

设计转译：需求导向的人性城市营造

导语

人性城市不仅是学术概念,也是一种城市设计价值观。城市的文化本质和文化功能赋予人们充满价值与意义的生活方式。人文主义尊重人的自由、权利和意志,倡导人的全面发展,实现身心和谐与自我超越。人文语境下,人是物质的存在,也是精神的存在,是身体、信仰、情感、道德、审美的总和。当代的人性城市研究,面向艺术与哲学,也面向物理空间与社会现实;面向细微的生活日常,也面向全人类的共同福祉。人性城市的塑造,核心价值在于满足人们对美好生活的向往,切实助力经济、社会、文化、生态的永续发展。

5.1 城市的人文需求

20 世纪 50 年代末,美国社会学界出现了交换论研究,阐释人类外显的社会交往活动及其动力来源。与结构功能主义不同,交换论认为,社会交往实际上是一种交换行为,既包括物质的交换,也包括非物质的交换。交换的事物都是人们社会生存的“需求品”——可以是物质的,如商品、服务、金钱;也可以是非物质的,如情感、信息、地位、声望。在交换过程中,双方采取了类似经济学的成本、价值、利润原则,即通过付出成本来追求最大的价值和奖赏。

交换不仅产生了经济关系,还促进了社会组织生长。通过交换,人们之间形成复杂的社会结构和关系网络,这些结构和网络又进一步影响了人们的交换行为。乔治·霍曼斯(George Homans)是美国著名的社会学家,也是交换学派的创始人之一。他提出了交换过程的五个假设:成功假设,报酬越高越愿意行动;刺激假设,一种刺激越常出现,越可能产生相似行为;价值假设,行动结果越有价值越去执行行动;剥夺-饱满假设,越常得到某种报酬,该报酬越没有价值;侵略-认可假设,没有得到预想报酬,越可能进行侵略行动,得到多于预想报酬,越可能从事这种行动。多种刺激和行为发生过程,既是物质或非物质交换的过程,也是人们物质和精神需求得到满足的过程。

交换论之后,心理学家维克托·H.弗鲁姆(Victor H.Vroom)提出了效价-手段-期望理论。弗鲁姆在《工作与激励》一书中写到,人们采取某项行动的动力取决于其对行动结果的价值评价和预期达成目标可能性的估计。动力大小与两项内容正相关,一是该行动所能达成目标并能导致某种结果的全部预期价值,二是达成该目标并得到某种结果的期望概率，两者的乘积即为某项行为的动力或刺激力。

马斯洛需求层次理论是最广为人知的人类需求理论之一。该理论由美国心理学家亚伯拉罕·H.马斯洛（Abraham H.Maslow）于1943年提出，详细阐述了人类的基本需求及其结构，将需求从低到高分为五个层次，形成需求金字塔。需求金字塔从下往上依次为：生理需求、安全需求、社交需求、尊重需求和自我实现需求。

生理需求是最基本的需求层次，包括食物、水、睡眠以及其他身体需求。只有当这些基本需求得到满足时，人们才会开始追求更高层次的需求。生理需求满足后，人们追求安全、稳定和保护的需求，包括人身安全、经济安全、职业安全等。生理需求和安全需求满足后，人们渴望与他人建立联系，追求友情、爱情和归属感，这是社交需求的核心。社交需求得到满足后，人们追求尊重和自我尊重，包括自尊、他尊、权力、地位、名誉等。自我实现需求是需求层次理论中的最高层次需求，在满足了前四个层次的需求后，人们开始追求个人的潜能发挥和自我实现，如创造力、自觉性、问题解决能力、公正度和接受现实能力等。

需求层次理论在全球范围内具有广泛的影响力，但主要是基于西方文化背景下的观察和研究得出的。在差异化社会环境中，需辩证看待需求层次理论的适用性。不同文化对于需求的优先级和表达方式可能不同。

例如，在某些文化中，家庭和集体利益优先于个人的自我实现需求，导致人们在追求需求时表现出不同的侧重点和路径选择。不同的经济社会条件可能对需求的满足产生影响。在一些贫困或动荡地区，基本的生理和安全需求尚且无法满足，更高层次的需求更是难以实现。而在富裕和稳定地区，人们更容易满足基本需求，从而追求更高层次的需求。跨文化背景下的需求也可能存在新的维度或表现形式。例如，在某些文化中，人们可能更追求精神层面的满足，这些需求在需求金字塔中并未明确体现。因此，在跨文化场景下，可对需求层次理论进行适当调整或扩展，以真实地反映不同地域、观念和文化背景下的人文需求。

城市空间不仅是物理实体的集合，也是人们生活、工作和社会交往的集合。复杂的功能和形态构成，使城市在人类生存发展中扮演重要角色，满足人们生理、心理、社会等多层次的需求供给。生理需求供给方面，城市应首先提供安全、卫生的居住场所，确保居民能够享受到基本的生活设施与服务，如供水、供电、排污等。考虑到出行需求，城市还应具备安全通达的交通网络，对应满足人们多种交通方式。心理需求供给方面，城市应提供舒适宜人的生活生产环境、丰富的文化场所、健康的娱乐和休闲设施。通过合理的空间配置，创造具有归属感和认同感的社区氛围，提升幸福指数。社会需求供给方面，不同人群存在差异化的文化背景和生活方式，城市作为多元文化的交汇地，需要包容、尊重各种文化差异，提供社会互动交往机会，促进不同人群和谐共处。此外，城市还应具备一定的教育和人才培养资源，鼓励创新创业精神，创造公平公正的竞争合作环境，为人们提供实现自我价值的实际途径。

需求层次理论提出后，有关人的生理、心理需求的研究更加多样化，衍生出多种需求理论范式。美国行为科学家弗雷德里克·赫茨伯格（Fredrick Herzberg）于20世纪50年代末期提出了双因素理论，将影响人的需求的动机因素分为保健因素和激励因素。保健因素与环境条件有关，如政策、管理、报酬水平、工作环境等，优化这些因素可以预防人的不满情绪，但不能直接起到激励作用。激励因素与需求内容和成果有关，如成就、认可、责任、晋升等，这些因素的满足可以激发积极性，提高人的满意度。双因素理论在一定程度上与需求层次理论相呼应，保健因素与需求层次理论中的生理需求和安全需求相关，激励因素对应于社交需求、尊重需求和自我实现需求。

为探究人文需求与行为之间的关联，美国心理学家和行为科学家伯尔赫斯·弗雷德里克·斯金纳（Burrhus Frederic Skinner）提出了新行为主义理论。斯金纳认为，人或动物需要做出某种行为或不做出某种行为只取决于一个影响因素，那就是行为的后果。人或动物为了达到某种目的会采取一定的行为作用于环境，当行为后果对其有利时，这种行为就会在以后重复出现，不利时这种行为就会减弱或消失。类似的还有美国学者埃德温·洛克（Edwin Locke）于1967年提出的目标设置理论，该理论强调设置目标会影响激励水平和绩效。目标本身就是一种需求，这种需求具有激励作用，能够引导活动指向与需求有关的行为，人根据难度的大小来调整努力的程度。外来的刺激，如奖励、工作反馈、压力等，都是通过目标需求来影响动机的。

美国耶鲁大学组织行为学者克雷顿·奥尔德弗（Clayton Alderfer）在实证研究基础上，对需求层次理论加以修改，形成了生存-关系-成长三核心需求理论。这是奥尔德弗对马斯洛研究的一次扩展，人类社会能够存在，源于三种核心需求，即生存需求、相互关系需求和成长发展需求。这些需求可以同时作为激励因素而起作用，当满足较高层次需求的企图受挫时，人们会回归较低层次的需求。

人类有丰富的情感，渴望得到尊重、理解和认同，得到情感回应。和谐稳定的家庭、良好的人际关系和亲密的友谊都是满足情感需求的重要来源。家庭是社会组织的最小单元，不仅能使家庭成员共享生活资源，也是他们情感的港湾及坚实的后盾。家庭的温暖体现在对家人的关爱、支持和理解上，无论人们身处何方，家人的关怀和牵挂总是如影随形。在家庭生活中，人们能够得到情感需求中最为核心的部分——安全感、归属感和爱。

除家庭外，在更大范围的社会组织中，社会群体里的个人同样希望被他人尊重，通过关怀、倾听和支持获得情感交流，感受到自我价值和自我重要性。 尊重代表了对个人边界、观点和选择的认可，个体人得到平等的对待并有尊严地生活。 在当今复杂多变的社会环境中，人们常常寻求归属感，渴望被他人理解和认同。 理解意味着能够换位思考，体会彼此的情感和经历；认同是对身份、价值观或成就的肯定，从而增强自信和自尊。 良好的人际关系与情感需求的满足密切相关，信任、支持和亲密感能够提供情感上的归属体验，分享快乐、分担痛苦，共同成长进步。 在社会组织中发生的社会交往，促成了友谊的产生。 友谊是人类情感生活中不可或缺的一部分，健康的人际关系有利于产生亲密友谊的萌芽。 真诚相待、相互扶持和共同兴趣使友谊充满温暖的力量，通过鼓励和支持给予人们精神动力。

城市空间在满足人的基本生活需求基础上，还应满足人的情感需求，尤其在安全感、归属感、社交认同层面，当代城市设计应发挥重要作用。 城市空间的塑造需要考虑空间使用者的人文需求，良好的照明、清晰的道路标识、有效的监控系统和易于识别的环境元素等，都利于增强居民在城市中的安全感。 设计具有地方特色和文化底蕴的公共空间，如历史街区、公园绿地、文化广场等，可以激发居民对城市的归属感。 这些空间不仅提供了休闲娱乐的场所，还成了居民情感交流和文化传承的重要物质依托。 城市应鼓励人与人之间的交往，公园的长椅、广场的休息区、咖啡馆的露天座位，有助于社交活动发生，满足人们与他人建立联系、分享生活的情感需求。 城市设计还应考虑人们的心理舒适感，通过合理的功能布局、舒适的步行环境、宜人的绿化景观等，营造宁静、舒缓的氛围，缓解城市居民的压力和焦虑情绪。

人类对美有天然的追求和欣赏能力。 审美对象不仅限于视觉要素，还涵盖艺术、建筑、文学、自然等多个领域，以及审美对象内在的品质与美德。 人类对色彩、形状、线条等元素敏感，能够感知并欣赏自然或人造物品中的对称与均衡之美。 从山川河流到建筑雕塑，这些都能触动人的心灵，引发美的共鸣。

随着社会发展，人们的审美能力也在不断提高。 教育、艺术熏陶、个人经验等在不断塑造着新的审美观念和标准，人们学会了从更多的角度去欣赏和评价美。 人们不仅关注外在形式，也注重内在情感和思想深度。 美具有强大的情绪感染力，能够激发情感和震撼心灵，美好的事物往往让人心情愉悦、精神振奋，产生积极向上的生活态度。 审美是城市生活中不可忽视的存在，是提升城市形象和文化品位的重要方面，也是促进文明发展和文化繁荣的关键要素。

城市设计与空间形态美感的创造关系密切，为社会创造经济价值和文化价值。城市空间形态通过强化人们的审美感受，满足城市人群的审美需求。空间形态包含城市各组成要素在空间上的分布和组合方式，如建筑物的布局、街道的走向、广场的设计、绿地的规划等。

建筑物是构成物理空间的核心部分，设计风格、色彩配置、材料运用等都与美的体验有关。具有独特设计理念和艺术美感的建筑物能够成为城市地标，统领一定范围内的整体形态美感。街道是人们日常出行和交往的主要场所之一，街道设计对于满足人们的审美需求同样重要。街道两旁的绿化、照明、公共设施以及建筑物的外立面等需要进行整体设计，以营造和谐、美观的街道氛围。城市开放空间（如广场、公园、滨水区等）是人们休闲娱乐、社交互动的发生地，其形态设计应有多样性和包容性，满足不同人群的审美需求，容纳不同文化和行为的发生，提供人性化的审美体验。

城市空间形态的发展并不是一蹴而就的，漫长的历史积淀会形成独特的空间痕迹。保留和修复历史建筑、传承历史文化元素，可实现历史与现代的融合，展现出城市独特的文化魅力和审美价值。当前，城市设计也越来越注重生态环保和可持续性，通过引入绿色建筑、雨水收集利用、垃圾分类回收等环保措施，营造出绿色、低碳、生态的城市空间，满足人们对自然生态审美的追求。

文化认同是人们身份认同和社会归属感的重要来源，文化认同需求既表现在人们的社会交往过程中，也表现在人对所处地域空间的心理感受中。作为一种个体被群体的文化影响所产生的心理感觉，文化认同使个体或群体在精神层面上对某种文化标识予以认可，这种肯定涵盖了语言、宗教、历史、价值观、习俗和体制等多个方面，是个体或群体在共同生活中形成的对本群体的肯定性体认。共同的文化信仰能够增强社区人群的凝聚力和向心力，促进人群和谐共处，为个体或群体提供精神支持。人们常以某种象征物作为文化认同的标志，如旗帜、服饰、传统建筑等，这些象征物承载着丰富的文化内涵和情感归属。除符号外，语言也是文化认同的重要载体，共同的语言文字有助于传递信息，加深认同感受。文化认同与精神信仰密切相关，表达了人内心深处的追求和寄托，如宗教信仰、哲学思想、道德观念等，为人们提供精神支撑和动力源泉。

城市设计承担满足人群文化认同需求的功能。城市在提供实用的物理空间的同时，还应反映地域文化特色，充分考虑地方文脉和历史文化，通过建筑风格、景观元素、公共空间布局等方面来体现。例如，在旧城改造或新区规划中，可以保留、修复或再现具有历史价值的建筑，融入当代设计理念，新旧元素协调共存，展现出城市的历史脉络和文化底蕴。这样的设计有利于激发本土文化自信，满足文化认同需求。城市是多元文化交流展示的平台，多功能文化中心、博物馆、艺术馆等公共建筑，为人们提供文化体验和学习机会。开放的公共建筑能吸引不同背景的人群参与交流，进一步加深文化认同感。

除公共建筑外，社区也是文化认同形成的重要场所，社区文化氛围的营造应得到重视。我们应设计具有社区特色的公共空间、绿化景观、休闲设施等，提供舒适的生活环境和社交场所。城市设计还应体现城市精神与价值观，进而用空间要素来传达。例如，城市雕塑、纪念碑、公共艺术品等展现城市的历史、英雄人物和时代精神，规划布局与土地利用性质配置体现城市的可持续发展理念和生态环保意识。人性城市设计有利于提升城市的形象，塑造出具有鲜明地域特色和吸引力的城市面貌。这种形象面貌提升了人们对城市的自豪感和归属感，进一步满足人们的文化认同需求。

英国城市设计理论家戈登·卡伦（Gordon Cullen）在《简明城镇景观设计》中提到，应该从大都市、城镇、公园、耕地和野生自然等大型空间类别开始，关注每个城市环境子系统的内在质量。卡伦重视人对城市的感知与理解，认为城市中的建筑、街道、广场等元素共同构成人们感知中的城市景观，并影响人们的行为和体验。美国俄亥俄州的辛辛那提城乡空间形态设计导则对人性公共空间形态要素和构成方式做了说明，利用鸟瞰图和轴测图解释建筑、街道、环境的设计要点，并预测了物质空间设计对人的行为活动、社区交往等的影响。与传统的分区规划类似，这些图示与具有法律效力的文本和具体标准相对应，为人性城市塑造提供法律保障。

多样化需求是人类作为社会性、情感性和精神性存在的必然产物，是人对物质和精神文化需求的集合。精神文化需求是在物质需求基础上的更高需求阶段，如情感需求、审美需求、认同需求等，内涵更复杂多元。人性城市设计是在规划设计中充分考虑人的需求、文化特色和社会发展，使城市具有宜居性、历史传承性和文化性。人性城市不仅关注物质空间建设，更重视人的感受体验。城市空间被赋予文化和历史意义，建筑、街道、广场等公共空间作为交通和活动的场所，是展现城市文化和历史的窗口。这些空间的设计应充分考虑人的尺度和需求，提供丰富的感官体验，让人们能够更好地融入城市，感受城市的魅力。人性城市也强调社区的凝聚力，通过科学规划的社区布局、丰富的社区活动和设施，加强邻里之间的交流互动。人性城市注重人的全面发展和幸福感，为人们提供更加宜居舒适的生活环境。

5.2　健康的生态环境

健康的生态环境包含自然生态环境和人工生态环境的相互平衡，使生态系统维持稳定性、多样性和自我恢复能力，同时满足人类生存发展的需求，不对健康造成危害。健康的生态环境与人性城市关系密切，新城市主义的人性空间形态研究，即源于生态学的生物栖息地科学方法，对乡村到城市的空间形态进行排序，根据特定空间形态类型确定自然和人工生态适应性，识别和分配城镇化的各项要素。无论是从庞贝古城的郊区到城市中心，还是从中国古代画卷对聚落的描绘中，都可以体验到这种自然和人工生态递进是普适且跨文化的。现代城乡规划出现之前，自然到人工的环境延展更像是一种城乡形成的自然法则，土地经济导向下的用地性质区隔使这种延展受到人工影响。在今天的人性城市视野下，健康的生态环境研究需要被重新提出。

人工生态环境，尤其是在空间布局和适应性方面，长久以来受到自然生态环境建构的启发。基于地理、气候和本土生态系统特性，生态学中有诸如近海、前海和后海的固定区域划分。同样地，城市中的人工生态环境也呈现出一定的规律性，体现在物理空间上，也体现在社会、经济和文化上。密集的人工生态区域包含高大的建筑物、宽阔的街道和频繁的人口流动，形成城市环境；松散的自然生态区域中建筑物和交通设施减少，保留农用地和农业生产设施。

生态学理论以生态系统断面的地带性模型作为圈定不同土壤和植被的基本标准。将生态学的地带性模型应用于空间形态分区，即形成了从乡村到城市核心区的一系列人类社会活动板块（图 5-1），每种板块都代表了若干城乡地块，对应该板块所属环境区域的设计或发展指南。这种理解城乡区域的方式具有生态人文色彩，在城市设计初始阶段就考虑到自然-人工生态环境的人本性倾向，对建筑和街道的形式进行分类，而后将土地功能嵌入，以纠正过去几十年现代城市的无序扩张和以汽车为中心的价值取向。

城镇化加剧了人口居住、经济产业、社会生活在城市区域的集聚，城市扩张进一步分化了自然景观、乡村景观等自然或半自然景观类型，使乡村景观和自然景观愈加边缘化。工业化以斑块的形式出现，改变了农业生产方式和规模，扰动了自然生态景观，也推动了人文生态空间的密集形成。城镇化与工业化的特征，使生态环境在保护和发展中必须充分考虑人类活动对自然环境的影响，在城市中恢复生物多

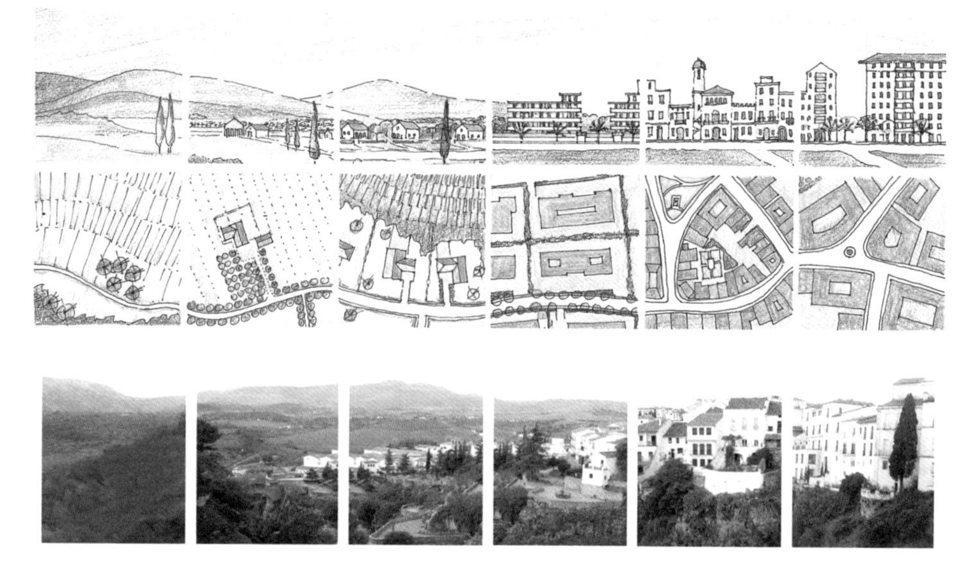

图 5-1　形态与社会空间演变

（新城市主义学会）

样性，采取相应的措施来减轻或消除人工活动的负面作用。

20 世纪 20 年代，法国城市规划师亨利 · 普罗斯特（Henri Prost）为法国南部市镇绘制了一幅城乡形态图，不仅涵盖城乡空间上的连续性要素，也有形态上的起承转合。这一形态图原型成为人们认识城乡生态环境的基础，从而清晰地阐释人工环境的连续变化，展示城乡空间的地理演变过程，反映城市形成的自然轨迹。

普罗斯特是法国城市主义的先驱（图 5-2），毕业于巴黎国立高等美术学院，非常注重城市的美化工作。1914 年，普罗斯特到达摩洛哥的卡萨布兰卡，当时的旧城麦地那非常混乱，城市基础设施落后，卫生条件极差。普罗斯特在三个月内完成了城市建设规划，设计了以广场为中心的放射状布局，修建马路、公寓楼等现代化建筑，重建城市的自然生态体系，并配备供水和排水设施（图 5-3）。

普罗斯特认为，城市按照建成的历史时序分区可以给居民充分的自由，是对当地文化的尊重。在卡萨布兰卡，他实施了新旧城分离策略，并在旧城麦地那和新城之间建设了一个宽度为 250 米的非建筑隔离带，隔离带中恢复自然生态环境和物种多样性。他设计的城市建筑主要使用白色颜料装饰，并配备了现代化的基础设施。在人工与自然环境的协同设计下，普罗斯特使卡萨布兰卡成为一座美丽而宜居的城市。

图 5-2　普罗斯特在展示规划方案

（亨利·普罗斯特基金会）

图 5-3　卡萨布兰卡海岸

（摩洛哥国家旅游局）

健康的生态环境是维持生物多样性和确保自然系统恢复力的基础。这种环境的特点是生态系统平衡，动植物和谐共存，有助于净化空气和水、调节气候和养分循环等生态系统服务。有效的保护措施，如保护自然栖息地和恢复退化的生态系统，对于维持生态平衡至关重要。此外，结合可持续的土地管理实践，如发展有机农业和重新造林，有助于减缓环境退化，促进土壤、水和空气质量的健康。这些系统中生物多样性的保护不仅支持生态系统的恢复力，而且还提供支撑人类福祉的基本资源。

公众健康和人们生活质量受到生态环境的直接影响。已有数据显示，清洁的空气和水、充分的绿地，能够有效降低慢性病发病率，增强身体机能，提高人的生理心理健康水平。融入绿色基础设施（如公园、绿色屋顶和城市森林）的城市规划，可以缓解热岛效应，管理雨水并减少污染。支持体育运动和社交互动的生态空间，有助于营造更宜居、更可持续的人居环境。因此，促进和维护健康的生态环境不仅对环境可持续性至关重要，也有利于促进人类健康和福祉。

自新城市主义理念提出城乡形态谱系涵盖人类活动与自然环境开始，越来越多的城市研究关注自然-人工交织的复杂体系，对自然-人工环境的讨论，成为一个多维度、多层次的分析流派，包括但不限于多样化的建筑类型、错综复杂的交通网络、精细规划的绿地系统，以及城乡人口分布格局等。对于这些问题的思考，穿透形式表象触及人工和自然环境结构的本质特征，揭示形式与功能布局的内在逻辑，归纳人口分布的动态规律。自然和人工生态环境蕴含着时间性和继承性，就如自然界的演替现象一般，伴随着城镇化最终走向成熟。在一些历史城市的城镇化进程中，核心地块被划定为历史保护区，体现继承性城镇化的理念。

将人的生活方式、行为需求、生理心理特点、社会包容等融入自然和人工的生态环境塑造，需要基于生态学、地理学、社会学、经济学、城市设计学等多个学科的综合考量。尽管每个国家的城镇化程度和发展路径可能不同，但仍然可以在各城市中观察到，自然和人工生态环境中都不同程度地蕴含着人文性特征。生态环境的形成并非受到单一因素的影响，而是多种因素交织作用的结果，地理位置、自然资源、历史背景、文化特色、经济发展水平和政策导向等影响着城市生态环境的塑造。每个城市生态区都有独特的氛围，折射出多样化的生活方式和社会结构，这些关系到该区域的生物种类、建筑类型、交通要道、文化期望等方面。部分建筑类型可能具有普适特质，并不是某个生态区所独有的。但是，建筑类型的选择和布局往往会受到该区域具体环境的影响，即使在同一区域内也可能存在多种不同类型的建筑。城乡生态环境的形成和发展是一个复杂而漫长的过程，独特地域的历史演变和发展轨迹，共同构成了丰富多彩的生态世界。

将城市形态置于纯自然形态的镜像之下，视角转换如同开启了一扇窗，能够更为直观地审视人类活动对自然环境的深远影响。自然与人工环境的对比，解释了城镇化进程与生态环境变迁之间的关系，也促使人们反思如何在未来的城市发展中寻求更加和谐共生的路径。

5.3 富足的精神空间

相比于自然和乡村区域，城市更应为人们提供富足的精神空间，体现高度文明汇聚的城市特性。城市中各区域的发展阶段不同，提供的精神空间类型也存在差异。根据发展阶段和建设条件，可将城市分为稳定区、发展区、独立居住区和未定居区四类。

稳定区在城市中对应着经济、社会和文化发展相对成熟的地区，如老城区、城市中心区、城市核心区等，往往包含古建筑、传统街巷、博物馆、纪念馆等空间，为城市发展留存记忆，也为人们回溯城市历史文化提供场所。这些地区的稳定性特征带来较为完善的设施体系和地域性的文化符号，吸引人口聚集，与精神空间建设相辅相成，带动发展区与独立居住区的繁荣。

发展区处于城市建设的发展阶段，补充和外延稳定区的功能形态。发展区通过合理地延展地块宽度或进行竖向延伸，有效利用有限的城市空间。发展区不仅方便了人们的日常出行，也有利于商业活动的开展，人流和资金流密集。发展区相对宽松的街巷道路和充足的各类产业空间，确保了不同功能的融合性和便捷性。由于发展区产生的交通量较大，路基和人行道需要坚固宽阔，既保障行人和车辆的安全，也是城市整体人文形象不可或缺的组成部分。至于城市中的开放空间，虽然面积有限，但仍是人们放松身心、享受自然的好去处。与稳定区不同，发展区通过现代化的空间形态、完善的公共服务设施、维护良好的社会秩序，营造出宜人的现代城市环境。

独立居住区为城市中的居住小区、社区等，商业商务氛围弱，居住氛围强。独立居住区中的公园、广场、街道等公共空间，为居民提供了交流互动的场所，促进邻里之间沟通，有利于增强社区生活凝聚力。通过参与社区活动，居民可以建立更加紧密的社会联系，形成共同的价值观念和行为规范。

美式社区生活的规范和条文已经有悠久的历史，不仅规范了街道的侵占行为，还对街道隐私做出了规定，确保社区秩序和居民权益。比如在相邻围墙的问题上，法律允许一些灵活的处理方式。一栋楼的业主可以在邻居的围墙上插入横梁，或者两家邻居共同建造和维护一堵围墙。 这些规定既考虑了经济效益，也照顾了邻里关系。 美式的独立居住建筑提供居民所需的私人空间，允许人们根据需要进行个性化设计。 在资源丰富的地区，居住建筑通常用木材建造，材料容易获取，建造过程也相对灵活。 美国法律中对宅地概念有所规定，保障独立居住建筑的法律地位，这意味着房屋所围起来的土地在法律上与房屋是一体的，从而在法律层面保障财产权，确保住宅财产的安全性和稳定性。

城市社区的精神空间在心理、文化、情感等非物质层面提供共享空间，是社区成员价值观念、行为特征和文化认同的集中体现，如环境维护、邻里氛围、共同行动、居民习俗、社区特色等。 社区治理有共治共享、邻里互助等机制，鼓励居民相互沟通，促进邻里交流，营造和谐友爱的社区氛围。

未定居区在城市建设历史上也具有非凡意义，从游牧民族的临时住所到现代社会的自然保护区，未定居区既是人类社会发展的最初起点，也是自然界留给人们的宝贵遗产，能慰藉心灵，使人感受归返自然的浪漫。 在未定居土地上，一般通过法律规范通行权、使用权、放牧权等，确保资源的合理利用和环境的可持续发展。 在美国一些具有乡村属性的未定居区，家庭对土地、农田和市场的领地权也反映了未定居区自给自足的特点。 通过在土地上种植作物、饲养动物，居民可以获得部分生活所需，减少对外界的依赖，同时保持未定居区的生态活力。

城市与自然能够提供富足的精神空间，无论是游牧民族的非定居土地、地块上的固定房屋，还是城市中的建筑群落，都承载了丰富的历史和精神环境。 即使是未定居的游牧民族，他们在广袤的土地上自由迁徙，与大自然共生，虽然没有明确的个人土地所有权概念，但他们对领地的争夺就是生活的一部分，对生存空间和资源非常珍视。 独立的居住区、地块上的房屋则代表着一种更为稳定的生活方式，展现了人类社会的复杂性和精细性，为社会交往、文化传承等提供场所，使人类社会向着更文明的程度迈进。

稳定区、发展区、独立居住区和未定居区在城市空间形态中分别对应着城市区域，如城市核心区、城市中心区域、一般城市区域等，以及自然乡村区域。 城市区域主要由商业商务建筑、公共建筑、居住建筑和社区地块组成，满足人们对于居住环境和生活方式的多样化需求。 通过混合用途的设计，城市区域提高了土地的利用效率，也促进了社区精神的繁荣。 杜安尼所描述的“城乡编织”，可以看作是理想社区的体现，在保持城市特色和风貌的同时，实现乡村般朴素美好的社会关系。 编织式的城乡发展模式保护了人们的精神家园，为人们提供了更好的生活条件和发展机会。 土地是自然区域最古老的形态，自然区域中人类与环境的共存，自然资源的利用应有限而节制，是维持自然和人工生态平衡、坚持可持续发展的底线。

社会人群的参与性是发展城市精神空间的另一议题，社交互动程度是精神富足与否的界定标准。每个城市区域都具有独特的人群互动和物理环境特征，从而形成不同的社会交往体验。其中，中心区为热闹繁华场所，汇集多样化的人群和用途，是主要的共享空间；小城镇由机构和聚会场所组成，人们彼此相熟，也能认出那些不住在当地的人；邻里是家庭聚居生活的场所，居民到城市其他地区工作、购物和娱乐，在邻里范围内进行日常生活和休息。

城市设计应该考虑到参与性对精神空间的影响，包括如何设计公共空间、邻里单元、高密度住宅以及如何吸引不同类型的居民等问题，而不单是塑造物理环境。建筑师、景观设计师和规划师，以及开发商、经济学家、项目策划者、广告商、社区组织者和销售人员等，都应融入城市设计的讨论，城市建设的最终目的不仅是建造房屋，更应该创造人们的精神家园。

从这个意义上看，人性空间形态可以用于分析城市要素，也可以用于分析城市社会的多种事物，如流行文化和服装。假设穿着一件适合自然区的泳衣，在海滩出现恰当，但出现在城市中心区则并不合适。人性空间形态的序列化，能够反映哪些要素在哪里更适合，在哪里更突兀。

城市精神空间可满足在城市中生活人群的精神和情感需求，提供庇护、沉思和交流的场所，消解忙碌和冷漠带来的精神压力。将精神空间融入城市设计对于培养平和感和精神幸福感至关重要，包括礼拜场所、宁静的公园、博物馆等，将这些空间作为个人反思和成长的空间所在而纳入城市设计，有利于增强居民的情感和精神韧性。

精神空间一般依照宁静和谐原则，借用建筑和自然元素，营造出有利于沉思的氛围。自然光、水元素和绿色环境等，可唤起平静与自然的联系感。此外，这些空间应设计成包容性和可达性的，以满足不同的精神文化需求，确保服务于广泛的城市人口，促进不同人群之间的包容和尊重。除了直接的精神慰藉，城市精神空间还通过促进社会凝聚力和社区参与，为城市的整体结构作出贡献。公共聚集点使人们可以聚集在一起，分享经验，互相支持。这种公共性不仅增强个人参与感，还可加强社会联系，培养城市环境中人们的归属感，培养更具联系性和支持性的社区。将精神空间纳入城市设计，符合更广泛的发展趋势，推进城市设计以人为本。

随着城市地区的不断扩大和发展，纳入满足居民精神和情感需求的空间变得越来越重要。这种整合反映了对人类体验多样化维度的认识，城市环境不仅要满足身体和功能需求，还要满足更深层次的心理需求，创造不仅有效运作而且丰富人类体验的城市。

人性城市空间形态塑造应能提供富足的精神空间，使人们得到物质层面的保障，达到内心的丰富与充实，感受精神层面的成长与愉悦。人性城市空间设计可帮助社会人群在城市生活中得体且受到理解和尊重，拥有健康积极的心理体验，建立并维持良好的人际关系，获得精神上的认同、支持和归属感。

5.4 美感的城乡形态

美感的城乡形态研究实体空间的物理布局、设计和视觉元素如何促进城市的整体美感和吸引力。作为一个多学科交叉的人文领域，美感的城乡形态涉及城乡规划、建筑、景观设计和视觉艺术等。城市形态塑造了人们的空间感知体验，定义了城市的空间性格，并影响了社会互动和视觉品质。

从历史上看，城市形态美学受到文化价值观、技术进步和社会政治背景的影响。雅典和罗马等古城通过规划布局和宏伟建筑，体现了早期对形态美的理解。古希腊人强调和谐与比例，这从城市布局的网格图案和帕特农神庙建筑的宏伟壮丽中可见一斑。罗马城市将公共空间，如广场和浴场与反映帝国权力的宏伟建筑相结合，体现出特定历史阶段的审美趋势。文艺复兴时期，随着对称、透视和人体尺度原则的突出，形态美经历了变革。建筑师们提出将城市设计与更广泛的美感和比例理想联系起来，如佛罗伦萨和巴黎等城市的设计，反映了人们对美学如何增强功能性和视觉吸引力的深刻理解。文艺复兴时期对城市设计秩序和连贯性的强调为该领域的未来发展奠定了基础。

19 世纪至 20 世纪初，形态美感受到工业化和现代主义兴起的影响。工业革命带来了快速的城市发展和对功能性基础设施的需求，这与美学考虑偶有冲突。然而，美国的城市美化运动等试图通过推广林荫大道、公共公园和纪念性建筑来缓解这种冲突，增强城市美感和民众自豪感。柯布西耶等现代主义建筑师引入了以功能性和极简主义为中心的新美学原则，这些原则至今仍影响着城市设计。

美感与城市形态而非功能相关。依据新城市主义原则，形态的三维控制先于功能的二维划分。在传统的分区规划工作开始之前，先归纳该区域内已有的形态类型，借助形态要素的具体数据，如容积率、建筑密度、建筑高度等形成形态数据基础，保留含有混合功能且具美感的形态区块，调整或修改不适宜的形态区块，在此基础上进行分区规划工作。按土地利用性质进行的分区规划将土地功能作为首要考虑因素，形态美感无法在土地功能规划中体现，因此，需将空间形态设计补充进现行分区规划体系。空间形态关乎土地利用、功能设置、城市结构，也关乎城市空间的美感，以及能否为人带来良好的审美体验，实现城市美化。

美感的空间形态塑造，首要解决的问题是形态在类型学范畴的讨论。功能分区具有被普遍认同的类型划分，如商业、居住、交通等，但如何进行形态类型化却无固定标准，形态的类型学研究势在必行。

类型学侧重对事物进行分类、归纳和比较，从而揭示其内在的联系和差异。在心理学中，类型学可以应用于人格类型的分析，理解不同人格类型在心理过程和行为表现上的差别；在语言学中，类型学关注语言的分类比较，揭示不同语言之间的异同。而在城市形态研究中，按照新城市主义思想，类型学应侧重对形态要素及组合方式的分类，排列为具有一定形态构成规律的逻辑序列，用以指导城市设计。

比如，芝加哥的城市空间形态就展现出了富有美感的层次（图 5-4）。从宏观视角观察，碧波荡漾的密歇根湖畔和延展的翠绿草地共同构成了城市视野中引人注目的自然区域。当视线从这一高远的角度逐渐下移至较低海拔和地面层时，城市的面貌发生了显著的变化。原本在远处看似统一宏大的一般城市区域，在近距离的观察下，实际上是由多个形态各异、功能互补、人群交织的复杂地块组成的；看似难以分辨细节的低海拔区域，隐藏着众多城市中心区级别的街区地块。这些中心既是经济活动与人口聚集点，也是城市形态美感的象征。地块间各自独立又相互关联，共同

图 5-4 芝加哥鸟瞰图

（芝加哥世界之窗电视台）

构成了空间审美中不可或缺的部分。 呈现为单一城市核心区特征的环线区域，当运用更精细的观察方法对其进行深入分析时，会发现内部同样蕴含变化。 一般城市区域与城市中心区镶嵌在城市核心区框架中，各自闪耀着独特光芒，共同绘制出芝加哥市中心环线的多彩画卷。

形态的类型学研究为宏观规划提供了与设计有关的细节。 土地功能分区规划控制的是功能区块，无论其中的建筑形式是什么，只要满足土地功能要求和基本的形式要求，原则上任何设计方案都会得到批准。 一个在大范围内定义的街区，并没有具体描述该街区建成后的样子，也没有详细规定步行环境。 形态的类型学研究将城市设计和建筑设计要素引入规划设计中，规定街景外观、建筑物的形式及其与街巷、地块之间的关系。 土地功能分区的本质在于制定禁止项，提出哪种土地利用是禁止的；形态类型化分区的本质在于制定满足项，即规定哪种形态是需要满足的。

出于不同的理念，形态和功能分区规划呈现出不同的设计结果。 例如，基于土地功能划分的《迈阿密城市规划条例（2012）》定义了住宅、商业、开放空间、政府和工业用地的区域；而在基于形态划分的《迈阿密二十一条例（2015）》中，建设环境被定义为具有特定形态类型的自然区域、亚城市区域、一般城市区域、城市中心区和城市核心区。《迈阿密二十一条例（2015）》是对已有的规划条例的延伸，形态作为宏观空间分区规划的研究主体，与土地功能划分共同作用于城乡发展，城市形态美的塑造在规划初期就开始进行。

20 世纪 20—30 年代重建的弗吉尼亚州威廉斯堡，是典型的“公路城镇”，呈现线性的城镇形态（图 5-5），独特的空间结构与形态美感之间也存在联系。 公路城镇形态发展轨迹鲜明，体现在乡村边缘与城市主街之间紧凑的街区布局上，塑造了城镇的基本形态。 各类围栏设施能够明确城镇与乡村的边界，在极短的物理距离内高效配置与利用。 围栏不仅是空间划分的工具，也是人性城市空间形态在微观层面的具体实践。 每一种围栏的选材与工艺都经过形态类型的考量，确保与所在区域的自然与人文环境相协调。 高度形态适应性与协调性，是威廉斯堡线性城镇肌理得以存续、展现独特魅力的关键所在。 如果将这些围栏随意分配至不恰当的形态区域，原有的美感与功能价值将大打折扣。

城乡形态的美感并非只有填满从乡村到城市的连续断面才能实现，复杂性与地域性是形成城市形态美学特色的重要方面。 位于美国缅因州的波特兰市，在大的形态区内也包含着其他形态类型，比如，亚城市区域包含一些城市一般区域和城市中心区特征，在连续街区上可以体验到波特兰从历史到现实的过渡断面（图 5-6）。

图 5-5　弗吉尼亚州的滨海线性空间

（弗吉尼亚南方生活媒体）

图 5-6　波特兰国会大街

（约翰·菲伦）

英国的庞德伯里展示了中世纪乡村的硬性边界，美国纽约也有硬性边界，但不同的是中央公园将景观置于城市之中。在华盛顿，毗邻岩溪公园的人工形态密集度与自然景观成正比，反映出开放绿地对房产价值的影响。中国香港也有形态的硬性边界，由于建筑密度高且人口极度密集，其断面不存在连续的由自然到人工的渐次演变（图 5-7），而是在自然的边界建设极端高密度人工形态，并且出现多层次的断面形态谱系（图 5-8）。

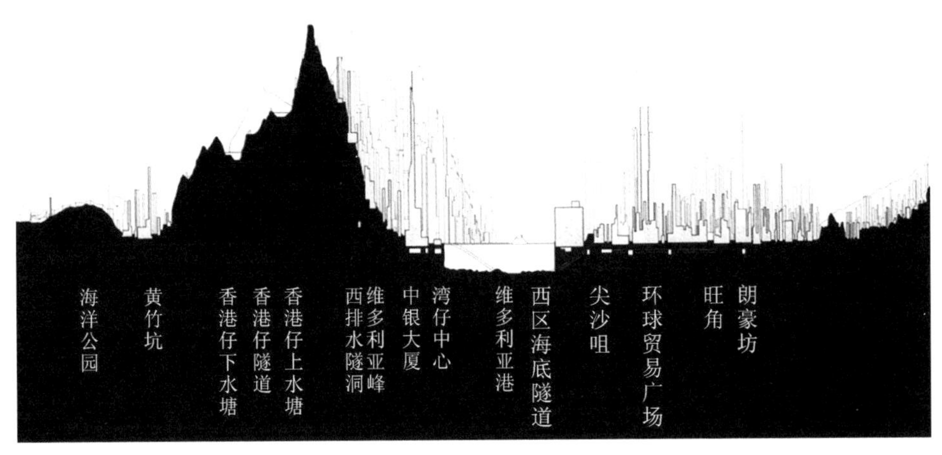

图 5-7　香港的城市断面

（亚当·弗兰普顿）

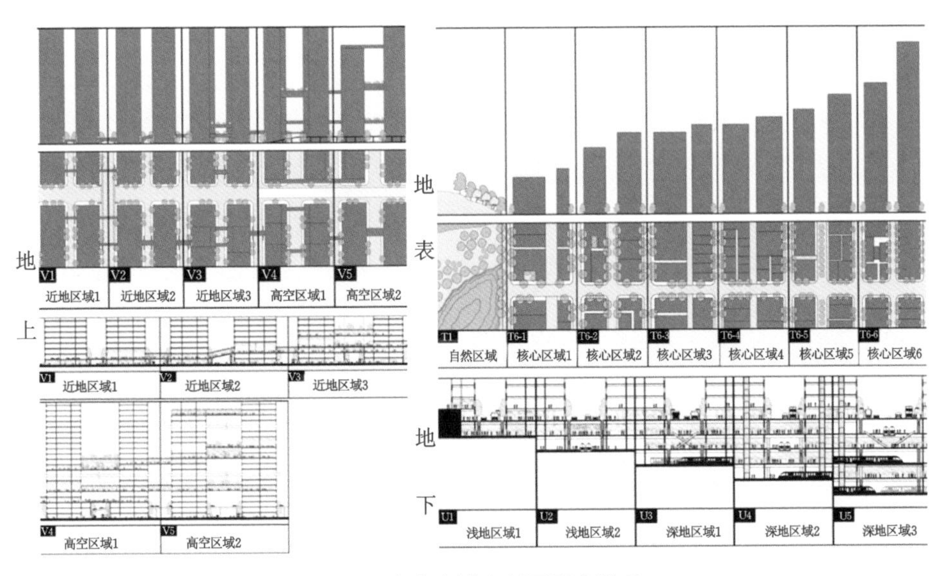

图 5-8　高密度城市断面形态谱系

亚特兰大桃树街是一个从密度最高到密度最低的递减区（图 5-9）。 桃树街之于亚特兰大就如百老汇之于纽约，是亚特兰大的代表性街区。 桃树街的空间形态从城市核心区到亚城市区域和乡村区域，下降强度十分显著。 非连续形态的并置展示了补丁样的空间特征，形成极具地方特色的审美意趣。

图 5-9　亚特兰大桃树街断面

（亚特兰大新闻中心）

传统的美式空间规划倾向于优先考虑边界拓展，促使开发商在未开发地区进行建设活动，而不是更新重建现有的城市地块。 如此开发的成本效益高，但环境和社会效益不佳，飞地破坏了城市形态的连续性，和谐美感的形态也无从谈起，这种自然主义方案过度追求城市边界扩张，却忽视边界内的空间质量。 以波特兰为例，城市边界的设定虽然意在控制土地扩张，却导致边界内外土地价值差异增大，内部产生了依赖汽车的低质量郊区，难以进行城市更新。 连续的城乡空间形态并非像中世纪那样以同心圆的形式发展，现实中常有不同的形态区域突变和并置的现象。 城市设计不需要完全按照断面形态谱系中的形态类型一一落实，而在于消除飞地，减少形态无序空间，形成紧凑、丰富且节奏明快的城乡形态。

空间形态类型化研究是新城市主义者发现和提倡的规划设计工具，既用来解释美的城市设计中蕴含了哪些形态要素组合特征，也作为现代城市设计的一种分区方法支撑城市设计。 空间形态表征了人类栖息地从单纯到复杂、从基础到多元的演变过程，城乡的人文性在这种演变中凸显，带来具有地域性的美的感受。 从自然到人工、从乡村到城市，不同社会文化背景的人群都可在其中寻求到人文美感的栖息空间。

城乡形态美学遵循视觉和谐、规模比例恰当、环境肌理保护、功能适宜等原则，提升城市空间的感知品质。

视觉和谐原则是指城市环境中各种元素有机融合，通过协调建筑风格、材料和公共空间来创造平衡统一的视觉体验。和谐的城市设计增强了城市的整体美感，各个空间要素相互补充、相互成就。例如，以和谐的方式整合绿地、公共艺术和建筑元素，可以创造更令人愉悦、更具视觉吸引力的城市环境。

规模比例恰当原则是设计中实现美学吸引力的重要方面。建筑物和公共空间的规模应与其环境和功能相适应，且直接与空间使用者的体验良好相关。比例涉及城市环境中不同元素之间的关系，例如规定建筑物相对于街道宽度的大小、建筑物相对于周围天际线的高度等，适当的规模和比例有助于营造舒适感和视觉平衡，从而提高城市形态的整体美学品质。

环境肌理保护原则是指根据场地的具体特征调整设计，充分保护和传承在地的历史、文化和环境因素。例如，历史街区设计应尊重和活化该地区的建筑遗产，以增强而不是破坏或夷平现有建筑特色，生硬引入现代元素。环境敏感型设计可确保新开发项目对城市的整体结构产生积极影响。

功能适宜原则在于将美感与功能融合，是形态美学的另一个重要方面，创造具有视觉吸引力和实用目的的设计。例如，将公共艺术融入桥梁和公交站等城市基础设施，可以提高这些功能元素的审美品质，有助于提高其美感和可用性。

当前，全球化导致各地建筑和城市的设计风格趋同，塑造着千城一面的社区、街巷和公共空间，这些风格往往优先考虑效率和统一性，而不是当地特色美学。由此导致城市环境同质化，独特的文化和历史元素被全球公认的通用设计所掩盖。世界各地的城市可能越来越相似，独特的城市特征和在地符号消失。应对这一挑战需要在全球趋势和在地遗存之间找到平衡，使设计项目反映并增强地域独特属性。

历史保护与现代发展之间的矛盾是城市美学面临的重大挑战。随着城市的发展和演变，维护历史建筑与融入新的当代建筑之间经常存在冲突。平衡建筑遗产的保护与现代基础设施的建设，需要人性规划设计。诸如历史建筑的适应性再利用和敏感填充开发等策略，可以调和相互竞争，有助于形成更加和谐的城市美学。

城市设计中的可持续性也影响着空间的形式美学。可持续设计实践，如绿色建筑技术和节能模式，有时会导致美学上的权衡，某些可持续材料或技术的使用可能并不总是符合传统的审美偏好。应对这一挑战，需要探索创新的设计解决方案，将可持续性与美学目标相协调，使城市空间可持续且具有视觉美感。许多现代绿色建筑材料，如再生木材或可持续石材，可以与传统设计很好地融合。选择具有历史意义或模仿传统饰面的材料有助于保持城市历史美感，提高能源效率，减少对环境的影响。

城乡空间的形态美学意在提升人们的视觉和心理感知体验。形态美学来源于设计本身对建筑、街区、环境的塑造，也来源于城市设计的包容性响应——面向多样化的社会文化需求，适应多种活动、偏好和文化习俗，创建可达可用的交往场景，吸引不同自然和社会属性的人群共同参与，通过反映多样性来提高城乡空间形态的美学品质。在全球化发展背景下，美感的城乡形态应致力于解决历史保护、可持续性和包容性等问题，满足当今人们的审美需求。在城市设计中，不断探索和应用美学原则，对于培育既具有视觉吸引力又符合人群价值观的城市是不可或缺的。

5.5 友好的人群社会

友好的人群社会具有包容性和凝聚力，能够促进居民之间的积极互动，形成强烈的社区意识。友好人群社会的核心是社会融合，即创造一种社会环境，让来自不同背景的多元人群能够互动交流，并充分参与公共生活，以减少社会经济差距和社会障碍等政策和设计实践，来促进包容和谐。混合用途开发、经济适用房和无障碍公共设施等，是支持社会融合的关键要素。这些措施确保城市空间不仅在物理上可达，而且在文化和经济上也受到欢迎，使不同社会阶层的人群需求得到满足。

从历史上看，友好社会理念出现于 18—19 世纪，由英国传播至欧洲各地。因国家提供的社会福利体系不充分，人们聚集在一起来汇集资源，相互提供经济援助。这种援助可以满足多种生活需求，包括疾病、失业、死亡抚恤金和退休金等。成员通常定期向共同基金缴纳捐款，在需要时从中获取福利。这种模式建立在互助和团结的原则之上，帮助成员有效应对与生活事件相关的风险和不确定性。在正式福利制度尚不健全的时代，友好社会原则为人们的生活生产提供了支持。

从当代角度看，友好社会的概念已经演变，但其基本原则仍然在各种形式的互助和合作组织中产生共鸣。现代友好社会通常专注于提供社区支持，促进社会交往。该理念与社会资本和社区社会韧性有关。友好社会通过建立强大的社交网络鼓励相互支持，凝聚力强，使集体行动和共享资源满足人文需求。

公共空间表征着城市社会友好性，如公园、广场和社区中心等，可用于鼓励社交互动和培养归属感。这些空间应是可达、安全和吸引人的，配备长椅、阴凉处和良好的景观特色，利用面向多元人群的公共服务设施增强吸引力，为居民创造联系、参与社交活动并建立社交网络的机会，提高社会友好性。

如果人们有效参与了本地空间建设举措的决策过程，更有可能对城市社会产生主人翁意识和责任感。参与机制如公共论坛、邻里协会和参与式预算等，使居民能够表达他们的关切。这种参与式方法不仅赋予个人机会，而且加强了社区纽带，培养了人们的集体责任感和自豪感。

在乡村至城市的广阔地域中，空间形态建构起各构成部分之间的关联。每一类空间形态都可视为一种沉浸式的社会生活舞台，各组成元素相互依存、相互激发，共同塑造并强化着地域性的独特风貌，促使人群、文化和社会交往汇聚融合（图 5-10）。这种动态平衡丰富了当代城市空间形态的内涵，促进了城市的包容性与友好性。城乡社会空间应该容纳并满足多元群体需求，无论年龄、性别、种族、宗教信仰、经济状况、身体条件等方面存在何种差异，空间资源都应能得到相对公平的分配和有效的利用，实现多种人群，尤其是弱势群体空间使用的可达性、安全性和舒适性保障。

图 5-10　辛辛那提市的空间形态类型

（辛辛那提市政府）

在不同的尺度和地形条件下，形态分区会衍生出一系列由城市至乡村的社区类型，这也可视为一种政治策略，为不同的人群提供相应的社区形态，获得稳定包容的城市环境，建构友好的人群社会。社区内部空间是居民的居住场所，而社区本身也构成了一种居住选项。形态的类型化具有概括性，是一种规范性模型，落实在实际场地的城市设计中，如果没有根据当地的社会现状进行校准或定制，那么形态研究的框架性约束力也会大打折扣。

城市应是社会人群、政府管理者、设计师、地产开发商共同书写的篇章。友好的人群社会兼容并蓄，容纳多样化的空间使用者类型，营造丰富多彩、充满活力的环境氛围。城市设计应坚持平等原则，确保不同社会群体在空间资源的使用上享有均等的机会和权利，彰显社会公平与空间正义；全面考虑各类用户的生理心理需求，特别是老人、儿童、身体障碍者等特殊群体，通过优化布局和设施配置，保障他们的空间使用权利；同时安全性不容忽视，应考虑足够的安全保障，降低犯罪和冲突风险；通过鼓励不同社会群体间的互动交流，促进相互理解与信任，为城市持续繁荣注入活力。这些共同构成了友好人群社会的核心价值。

以老年人群友好为例。随着全球老龄化时代的到来，老年友好的社会空间成为人们关注的焦点。世界各国对老年人的划分标准不同，根据联合国的人口统计标准，老年人是指年龄在六十岁以上的人群。由于身体机能的逐渐下降以及可能伴随的慢性疾病，老年人群的行为活动不应按照社会人群的平均标准执行，而应对行为能力下限进行空间设计或优化更新。中国老龄社会带来的新经济，体量空前且创新空间巨大，中国将是世界上老龄经济的最大实验场。以北京为例，北京市已正式跨入中度老龄化社会，老龄化率居全国第二。为应对北京人口老龄化的严峻形势，北京市政府、市民政局、各区县政府已出台多项政策，推动市域养老服务全面开展。城市能否为老年人提供安全舒适的环境，以满足他们的日常生活、社会交往、娱乐健身等需求，是城市社会是否具有人文性的重要体现之一。

城市公共空间，如公园、活动中心等，宜配置近距离可达的舒适座椅、遮阳设施以及绿地景观，为老年人创造宁静清洁的公共空间。确保所有设施均符合无障碍标准，如设置无障碍通道、电梯及卫生间等，从而方便老年人的日常通行与使用。物理环境安全要求空间设计考虑到消除障碍物，采用防滑地面材料，确保充足照明，配备扶手和紧急呼叫系统等安全设施，降低老年人摔倒和受伤的风险。在社区内部及周边道路设置明显的交通标识，推进人行道与车行道的分离，确保出行安全。这些精细化设计，为老年人构筑了一个既舒适又便捷的生活环境。在社区规划中，交通便捷与设施布局的合理性对于提升老年人的生活品质至关重要。社区应毗邻公共交通站点，以便老年人能够轻松利用公共交通工具出行，社区内部的道路设计也需确保步行或骑行的通畅与安全。社区内的商业、医疗及文化等服务设施应布局得当，既满足老年人的日常使用需求，又便于及时就近获取必要的服务。

城市设计是塑造友好城市社会条件的有效路径，应基于促进社会福祉导向，实现城市空间的步行舒适性、连通性和环境可持续性。生活街区应拥有适合步行的路径和便捷的公共交通选择，例如维护良好的人行道、信号时间充足的人行横道和易于通行的公共空间，方便老年人出行并鼓励自发的社交互动,确保老年人的安全出行能力。 将绿色空间和可持续实践纳入城市设计，加入充足的座位，改善照明和社交互动空间等，促进社会包容，减少老年人的孤独感。

美国社会学家罗伯特·E.帕克（Robert E.Park）在《城市：有关城市环境中人类行为研究的建议》一书中提出了人类生态学的基础，认为城市布局应以自然地理环境为依据，多种因素促使人口分布在不同位置。 当代人群的职业分类多样化，城市具有正式社会结构的特征，大规模的正式组织取代了传统社会里人们非正式的互动交往方式，职业界别取代宗族利益，居民被划入不同分工。 在城市中，政治会形成一种更加正式化的品质，市民往往依赖政治组织或民众组织来获取信息并采取行动。 城市邻里兼具“道德社区”功能，人类的好坏两面都得以表现，城市生活情感性较少而理性较多，传统情感联系纽带的弱化和消失可能导致以利益集团形式出现的新的社会联系纽带。

帕克的自然区域理念在城市社会学和空间组织研究中发挥着重要作用。 他将城市概念化为由不同自然区域组成的“马赛克”，每个区域都由特定的社会、经济和文化特征来定义。 这些区域由其居民的互动和活动塑造，反映了更广泛的社会过程和空间动态。 城市环境不是单一实体，而是具有独特身份和功能的复杂、多面的区域。 城市空间不断受到人类活动，包括移民、经济变化和社会互动等的影响，这些过程建构了独特的社区特征和社会模式。

生态方法概念扩展了自然区域理念，个人与环境之间存在动态相互作用。 将生态系统与城市环境进行类比，就像物种与自然界中的栖息地相互作用一样，社会群体与城市环境也存在相互作用，形成随时间演变的社会组织形式。 这种方法可用来研究不同社会群体如何适应和影响其环境，从而创建反映潜在社会结构和关系的空间配置。 帕克将生态学原理应用于城市研究，分析社会现象在空间中的分布规律，城市空间即社会互动和适应的舞台。

友好的人群社会不仅体现在空间对人群的友好性上，也体现在人际关系的友好性上。 城市人口密度大且空间布局紧凑，特殊的社会生态使城市人际关系复杂，形成以业缘为主的人际交往模式。 人际关系是社会生活的关键环节，能够提供丰富的社交资源和机遇，但也可能带来冷漠、疏离、难以信任等问题。 一方面，来自各地的城市居民具有多样的文化背景、价值观和生活方式，为城市社会注入活力，推动文化交流与融合；另一方面，快节奏的城市生活、激烈的竞争压力以及有限的社交时间，导致人际交往趋于表面化和功利化。

建构和谐的城市人际关系，城市设计应发挥作用。 通过完善基础设施、优化公共空间和加强人性化设计等措施，创造舒适宜人的社会环境，为友好人际关系的社会建立物理依托。社会各界如企业、社会组织和媒体等，应积极参与，通过志愿服务和公益项目促进城市人群的交流与互动，增强情感共鸣和价值认同。友好包容的城市设计有利于创造公平且充满活力的城市环境，满足多元人群需求，引导人们承担起建构良好人际关系的责任，理解差异，以积极开放的心态融入城市生活。

5.6　建构的方法逻辑

人性城市的建构模式与方法多种多样，人们对人性城市的讨论从未间断，其中有代表性的属人类生态学派的论述。欧内斯特·W.伯吉斯（Ernest W.Burgess）是人类生态学派的代表学者，他最广为人知的研究即同心圆模型。同心圆模型于20世纪初被提出，其将城市概念化为一系列以中央商务区为中心向外辐射的同心圆区域。根据伯吉斯的说法，中央商务区周围是一个以住宅和工业混合用途为特征的过渡区，然后逐渐向住宅区和郊区发展。该模型反映了城市发展的社会经济和空间动态，城市的不同区域根据社会经济地位、土地使用、居住模式等因素，随时间演变而变化，城市环境在一定程度上反映社会等级和经济功能。

伯吉斯认为，"社会建构和社会解构是新陈代谢的过程"。1923年，基于对芝加哥城市社会空间的调研，伯吉斯提出城市地域同心圆结构。五个同心圆组成了城市格局，依次为中央商务区、过渡性区域、工人住宅区、优质住宅区和通勤者区（图5-11）。

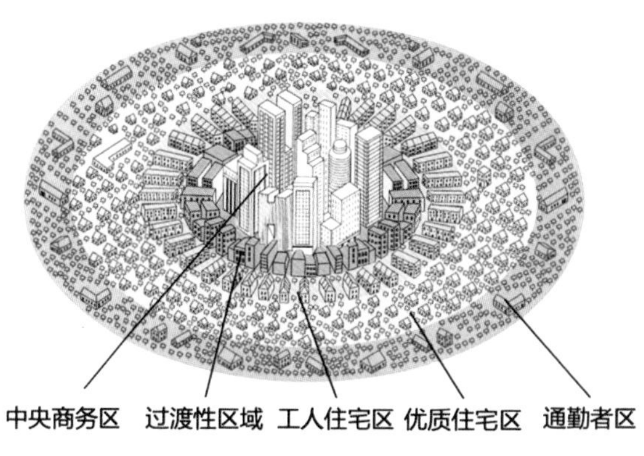

图5-11　芝加哥的同心圆模型

中央商务区是城市的核心，包括商店、办公机构、银行、剧院、旅馆等。这一区域的建筑多为高层建筑，交通汇集量大，是商业、文化和其他主要社会活动的集中点，也是城市交通运输网的中心。过渡性区域围绕中央商务区分布，以商业和住宅相混合为特点。这一区域主要分布有批发商业、运输、铁路客运站、零售商店等，随着商业、工业等经济活动的不断进入，环境质量可能逐渐下降，成为贫民集中、犯罪率较高的地方。工人住宅区是产业工人集中的住宅区，条件相对较差，但比过渡性区域要好。这里的居民大多为来自过渡性区域的第二代移民，他们的社会和经济地位有所提高。优质住宅区以良好的居住环境和设施为特点，居住着中产阶级家庭。通勤者区位于城市的最外围，以独户住宅、高级公寓和上等旅馆为主，居住着中产阶级、白领工人、职员和小商人等。这一区域通常沿高速交通线路发展，通勤者每天往返市区。在这五个区域中，过渡性区域最具有不稳定性，有可能向着中央商务区转变，也可能变成滋生犯罪与萧条的温床。在向心、专门化、分离、离心、向心性离心五种力的作用下，城市地域产生了地带分异，形成了自内向外的同心圆状地带推移。

伯吉斯的同心圆模型受到生态观点的影响，生态观点将城市视为由各种社会和环境因素相互作用形成的动态实体。随着城市的扩张，以高密度住房和工业活动为特征的内部区域，逐渐向外过渡到更富裕的住宅区，这一过程反映了社会经济趋势，富裕人群向郊区迁移，市中心地区衰落。通过同心圆模型来描述城市发展，伯吉斯以一种清晰而系统的方法阐述了不同社会群体的空间分布规律，以解释推动城市变化的具体因素。

尽管伯吉斯的同心圆模型发挥了奠基性作用，但一直受到批判和修正。批评者认为，该模型过于简化城市发展的复杂性，没有考虑到在现代城市中可观察到的不规则和多样化模式。边缘城市的崛起和交通基础设施的影响，导致了更复杂的空间布局，这些空间布局与同心圆模型并不完全吻合。该模型没有解决城市隔离、绅士化以及全球经济力量对城市发展的影响等问题。

无论是帕克的人类生态学理论还是伯吉斯的同心圆模型，虽在宏观层面都与大都市的形态构成相呼应，但其核心假设——即城市单一中心性的主导地位，在现实中却非常罕见。相比之下，人性城市营造需要形态类型学方法论，对大尺度区域的表述既展现出高度的抽象性，也能在具体街区地块尺度上细致入微地描绘形态要素之间的关联。但是，在某些形态类型的图形化呈现中，自然与乡村类型均衡分布，可能误导人们产生城市连绵不绝的错觉。这种视觉上的误导，是形态分析过程中需警惕的误区之一。

杜安尼在《精明准则》中概述了人性空间形态分区导控的方法过程。一是启动综合性的实地调查。在咨询顾问与本地居民的合作下，对城市区域进行详尽的目视检查，系统地收集数据，对既有法规汇总，为新形态规划法规的制定提供科学根据。二是剖析城乡形态的构成元素。借助城乡形态剖面图、平均测量四分图等研究工具，对自然-人工环境进行全方位的探究，详尽阐述公共与私人领域，涵盖建筑类型、停车设施以及土地利用状况。三是着手制定或校准相关规范。确定所规划设计的区域数量，整理收集的数据，确保新制定的规范在政治上具有可接受性。编制对比图表，将形态分区与原有功能分区进行比对，此举通常能够简化并解决传统规范中未曾涉及的问题。绘制详尽的转换图表，将原有分区转换为城乡形态类别，以此提供明晰的规划依据。四是在形态设计中融入邻里结构元素。依据步行时间合理绘制主要行人目的地及街区边界。对分区进行校准并优化管制规划，调整分区与街区规划，将特殊需求与形态类型纳入考量。五是定制化表格与文本制作。根据详尽的调查结果及讨论情况，建构符合形态标准的表格与文本内容，确保与市政规划文件在法律与行政层面保持协调。

基于形态的人性城市设计可对大尺度的城乡空间序列进行归纳总结。例如城市学者艾略特·艾伦（Eliot Allen）设计的区域分析标准系统，其基础建构于地理信息系统的精密坐标与数据，体现技术与大尺度城市设计的深度融合。以密西西比海岸地图为例，其绘制证明了形态研究在应对自然灾害等突发事件中的高效性与灵活性，为卡特里娜飓风研讨会提供了决策支持。地图将海岸划分为四个增长区，通过规划容纳特定的社区类型，这些社区又细分为由不同人群组合而成的复杂结构。该设计方案允许公众参与，提升设计过程的灵活性与响应速度，使决策者能够在复杂的现实环境中迅速调整策略，实现设计目标与城市发展相协调。

另外，在佛罗里达州的布莱登堡市，政府以形态设计准则运用网页地理信息平台 Web-GIS 创建了空间信息地图，提供信息共享页面（图 5-12），在该页面点取分区地块，可弹出形态控制信息、空间地理信息和三维模型图像。社区民众可填写在线信息反馈，提出意见或建议，还可通过添加页面插件实时统计登录人数、反馈趋势、兴趣地块等信息。

城市设计中的空间形态分析，与莱恩·肯迪格（Lane Kendig）在 20 世纪 70 年代所提出的性能分区（performance zoning）理论有相似之处。性能分区理论涉及土地用途、交通流量、环境影响、空间需求等因素，将城市划分为不同的功能区域，以实现资源的合理配置和城市的可持续发展。分区规划中包含鼓励项和禁止项，供房地产开发商参照。相比于形态研究，肯迪格的性能分区理论未能广泛应用，究其原因，在于该方法要求监管者拥有较大的自由裁量权，却未能提供明确的决策依据。肯迪格在近期研究中，通过引入特征类型概念，提供了与断面形态相似的原

图 5-12　网页地理信息平台下的电子反馈系统

（布莱登堡市政府）

则，这或许是对前述问题的回应。

形态的具体分析方法与新城市主义中的环境评估规程类似。首先基于航拍照片的综合调查，确定城市中最具代表性的典型场所，对这些选定的场所进行实地验证，以确保信息的真实性与准确性。在分析环节绘制剖面图，此处的剖面图特指对公共与私人领域的详细剖析，涵盖街道、景观、人行道、庭院与门面、建筑规模、后院和小巷等要素。在选定的街道两侧各取一个街区的样本地块进行数据统计计算，如单位密度、建筑面积、人行道面积、透水地面比例、地块覆盖率，以及路边与路外停车位数量等。基于剖面图与数据计算的综合结果，推导出每个剖面区的相应形态类型，从而为人文性的城市设计提供支持。

空间句法能够解析道路连通性与商业密集度，是剖析现有形态的有效手段，有在编制形态设计准则过程中引入空间句法的先例。形态分区中的城市性层级越高，其连通程度越强。在可视化呈现中，高连通性的网格通常以红色标示，而低连通性的网格则以蓝色呈现（图 5-13）。这一规律与多数城市形态中所观察到的网络模式契合，且同样适用于郊区无序扩张所形成的树枝状大道系统。朝向城市中心区的部分，往往为小型区块密集分布；而随着人工建设向乡村的延伸，小型区块逐渐变大，较大的区块则逐渐演变为稀疏的乡村道路网络，分属一般城市区域或亚城市区域。

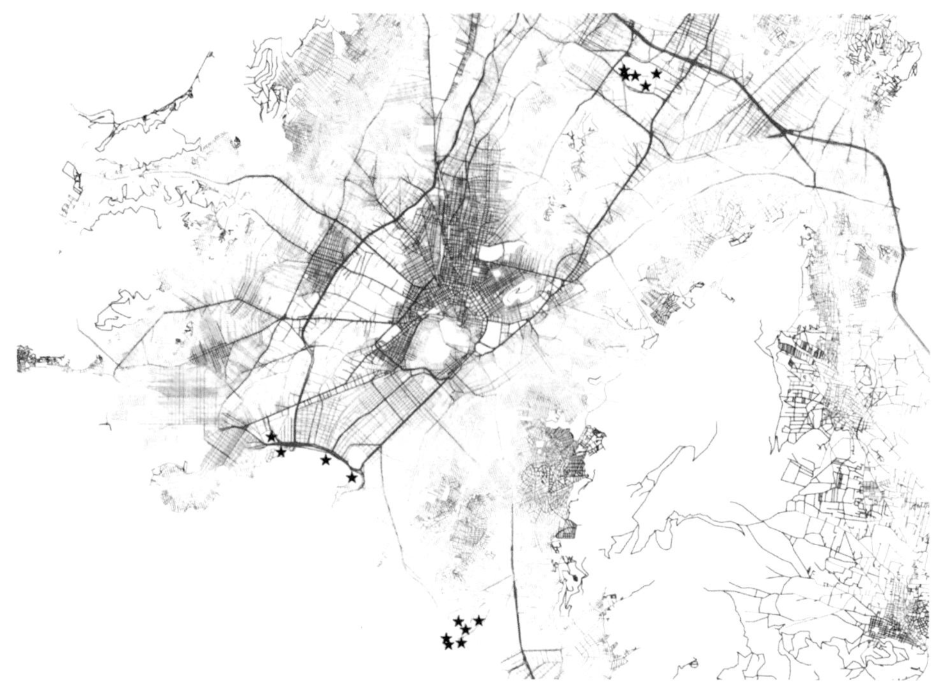

图 5-13　基于空间句法的城市空间连接度图示化

（ARRUS 公司）

在实际应用中，计算机图示语言为快速校准形态分区提供了便捷途径，其分析结果可通过综合勘测手段进行验证，以确保研究的准确性与可靠性。

基于形态的空间形态设计管控过程可概括为控制性规划、愿景计划和法定规则三个阶段。控制性规划阶段是依据城市现状条件，提炼空间形态特色，并初步形成形态类型断面的阶段；愿景计划阶段是将公众意见、多方利益主体博弈结果融入形态类型方案的阶段；法定规则阶段是将形态类型断面内容转变为法定文件的阶段。由此形成规划、控制和管理三项工作内容，通过基础文件采集、控制条文制定、文本图纸校核，最终形成基于断面分区的形态设计准则（图 5-14）。

相较于传统的功能分区一刀切方法，空间形态分析具有科学性和针对性，其依据各区块的形态数据精细化制定管控标准，充分尊重并体现地域特征。2002 年耶鲁大学的一个建筑工作室就采用了这种方法，学生们对十座美国城市进行形态解析，根据对典型城市和郊区要素的观察和测量，为每座城市编制形态原型谱系。通过分析不同环境和城市区域之间的空间–功能转变，形成理解和设计空间的结构化方法。在此基础上说明各种土地用途之间的层次和关系，绘制从自然荒野地区到城市中心的渐次转变，从而更好地了解空间动态和相互作用，为土地使用规划和环境管

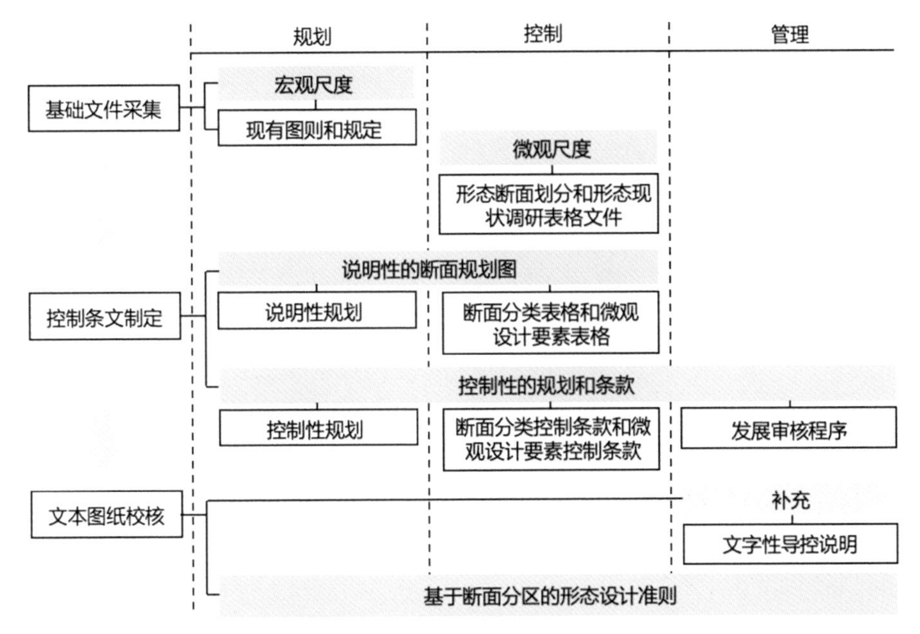

图 5-14　断面分区规划过程

（杜安尼，作者改绘）

理战略提供依据。乡村至城市在不同地域间存在差异，正是这种地方差异赋予了城乡形态分析在城市设计中不可或缺的重要地位。

从社会学的调查实证，到数字技术支持的量化模拟，人文性的城市建构方法逻辑不断创新和发展。当前，数字化的设计方法已在工程建设领域获得广泛应用，主要用于辅助智能建筑设计。数字技术基于算法逻辑，尤擅处理复杂空间边界和型构问题，提供量化参数控制路径，提升设计效率，有利于信息共享。近年已尝试将数字技术引入城市社会空间的形态设计，推动高密度形态控制智能化，如得克萨斯州的新城市主义实践、香港的形态设计准则探索等。国际学界对多源数据和数字化理念融入空间形态研究普遍持积极态度。数字工具可为城市设计带来与建筑设计相似的优点，甚至在大尺度空间中更能发挥作用。早期的数字技术关注参数模型模拟，近年出现逐步优化的设计体系和脚本工具。城市形态本身即是一种数字体系，参数包括规划条款数据、区位坐标、太阳辐射等；也可把数字化方法视为一种途径，使城市建设具有合作性，其施行取决于实际工作需要。目前，城市尺度下的数字化方法常应用在智慧城市中，通过整合物质空间数据并将其汇入城市信息体系，辅助控制设计进程。

6

路径求索：人文性构筑城乡社会空间

城乡社会空间是城市与乡村居民开展社会生活的发生地，是除个人家庭生活之外的活动场所。作为城乡建构的关键要素，社会空间反映了一个地区人们社会生活的广度和深度。无论是密集的城市街道，还是舒展的乡间风景，都承载着社会生活的展开，是社会关系得以维系的物理媒介。人们在空间中的定位和移动，反映了社会结构的层次特征，也揭示了社会网络的动态演变。当代人文主义与空间社会学正是基于这一认知，将空间视为剖析社会结构、解读社会关系、追踪社会变迁的重要视角。通过系统的社会空间分析，我们能够更加精准地把握社会发展脉络，使城乡建设向着人文性迈进。

6.1 空间形态研究及其在地化

无论是以土地利用性质为基础的功能规划模式，还是以空间形态为基础的形态规划模式，都在有意或无意地塑造着城市空间的社会性。形态规划为传统的功能导向增加了更为细化的设计内容，把微观的街巷和建筑单体纳入规划范畴，在规划早期就明确街区的尺度、建筑界面与公共区域的形态关系、建筑单体的基本形式等，并以文字、图像、表格形式呈现，制定关于形态特征和发展规模的规范性计划，完成社会空间的形态塑造。

空间形态的讨论是跟随社会需求出现的，但并不是21世纪甚至20世纪的概念，而是几个世纪以来形成和演变得出的。形态与城市设计的理论实践有关，可追溯到千年前的城市建设所积累的经验成果。新城市主义在前续空间形态研究的基础上，将城市的形成视为连续的形态变化，延展了冯·杜能的同心圆理论（1826）、霍华德的田园城市理论（1898）、盖迪斯的城市区域理论（1915）和克里斯塔勒的中心地理论（1933）等。

冯·杜能描述了农业成本和城市边缘阶层之间的关系：假设城市的中心即同心圆的中心，那么从园艺业、乳制品业到放牧业，分层的农业用地形成分层的同心圆结构。霍华德在《明日：一条通往真正改革的和平道路》（1902年重新发行时更名为《明日的田园城市》）中，提出了田园城市模型，理想化的田园城市以圈层方式规划，包括开放空间、公共花园和放射状的林荫道。形态设计受田园城市理念影响，将混合的土地功能、步行空间和林荫道引入形态分区中。盖迪斯的城市区域理论提出，人口密度、生存方式和社会结构随着自然资源的变化被分层切割，分层的村镇截面模型成为形态分区的早期基础。如果城市的内外体系可以用连续的形态类型来表示，那么形态分区就包括从自然区域到城市中心的全部形态类型。克里斯塔勒的中心地理论以理想地表为假设，提出城市的通达性与距离成正比。该理论围绕临界值展开，临界值既反映贩卖商品的最小市场范围，也反映人们购买商品的最大出行距离。中心地理论所讨论的城市结构为形态分区和形态研究提供了原始理论模型。此外，生态学中的生态系统断面也对形态研究起到启示作用，使用不同的环境断面来描述一个子生态系统到另一个子生态系统的层级和递进关系，杜安尼最早将这一理念用于形态研究和实践中。

形态设计准则是人性城市设计的理论工具之一，为提升社区使用率，人们通过形态控制建立社区意识并发展人性城市。2012年，王晓川等翻译了新城市主义学者丹尼尔·帕罗莱克（Daniel Parolek）的《城市形态设计准则——规划师、城市设计师、市政专家和开发者指南》一书，首次将形态设计准则系统地引入我国，开启了空间形态研究的在地化过程。形态设计准则以生态序列递进关系为出发点，归纳从自然到城市核心区域的空间层级结构，横跨乡村、郊区和城区，为形态划分添加精细化的控制内容。形态设计准则主张先明确建筑形式和街区尺度，再进行土地规划，实现形态的量化控制；降低土地分隔限制，使社区居住和出行更紧凑；采用多种街巷组合的形式，在一定程度上缓解空间资源不平等分配，丰富邻里尺度下的步行场所（图6-1）。

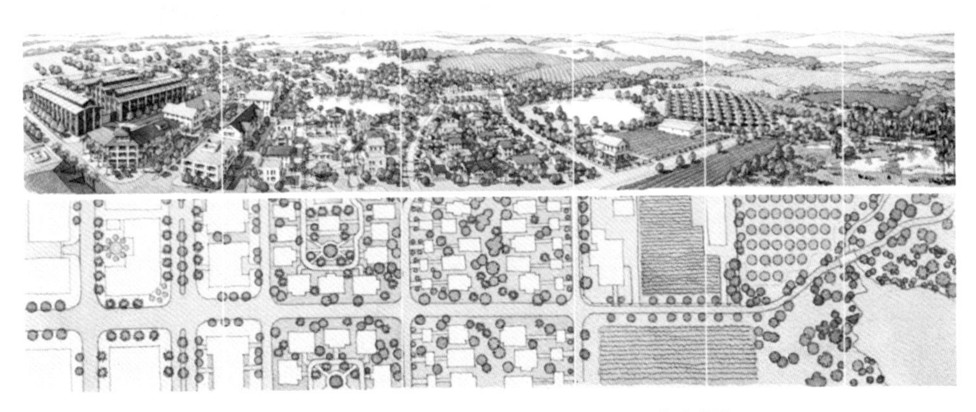

图6-1　形态设计准则的形态演替（佛罗里达水景河）

新城市主义思潮及形态设计准则方法研究使新城市主义和人性城市设计理念的本土化之路持续推进。TOD 理论是新城市主义的组成部分，在我国的研究已近二十年。形态设计准则为应对城市蔓延而提出紧缩发展，如何结合本土需求和城市建设进行相关应用，在天津、香港等地已经有所尝试（图 6-2），未来还需要更多的探索和实践。

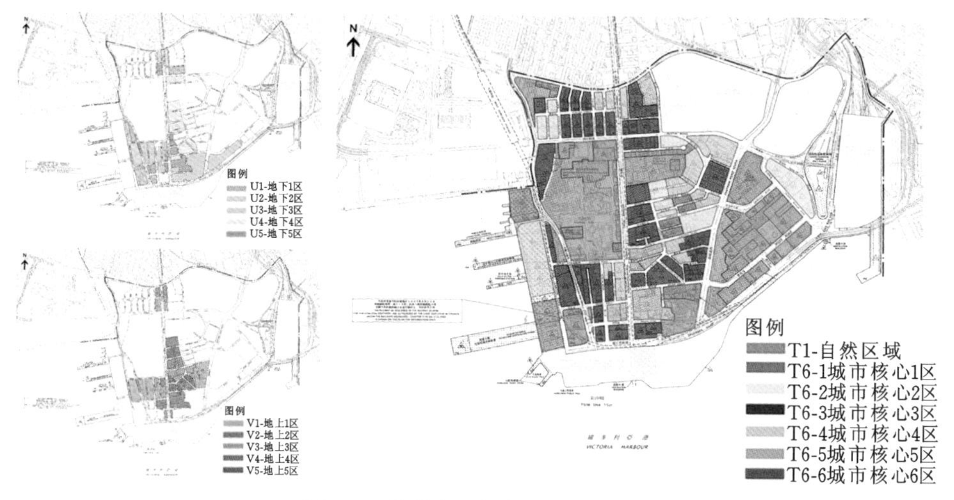

图 6-2　香港多层级断面分区规划

规划模式的形态与功能之辩是伴随着美国城市社会发展而发展的，与当地经济和社会条件相适配。美国城市空间规划与治理历经百年，从以往的以土地功能划分为主导的规划模式，到今天的土地功能与空间形态并重的规划模式，城市社会的变革深刻影响了今天的规划管控机制（图 6-3）。形态研究补充和延伸了原有的空间规划和治理体系，达到混合土地功能、复兴城市中心、细化形态条例编制的目的。形态设计支持塑造综合的、情境敏感的城乡空间，允许将土地使用政策与区域的自然社会特征相结合，尊重生态边界和社区需求，减少对环境的影响，增强不同用途土地之间的连通性；同时，确定需要保护的区域以及适当开发区域，支撑平衡且弹性的区域规划。

纵观中美两国城市发展历程，二者在内在文化根基与外在制度变迁方面差异明显，不存在完美的“公式”能同时解决不同国家或城市面临的不同问题，人口、文化、地理、经济等因素使城市规划模式的异地应用复杂而困难。当前美国的空间规划针对的是城市建设的实际需求，其理论内涵、编制原则和工作框架与我国的城市建设并不契合。总结美国城市空间规划经验，不在于具体照搬哪款哪项，而在于厘清其发展背后的理性思辨。

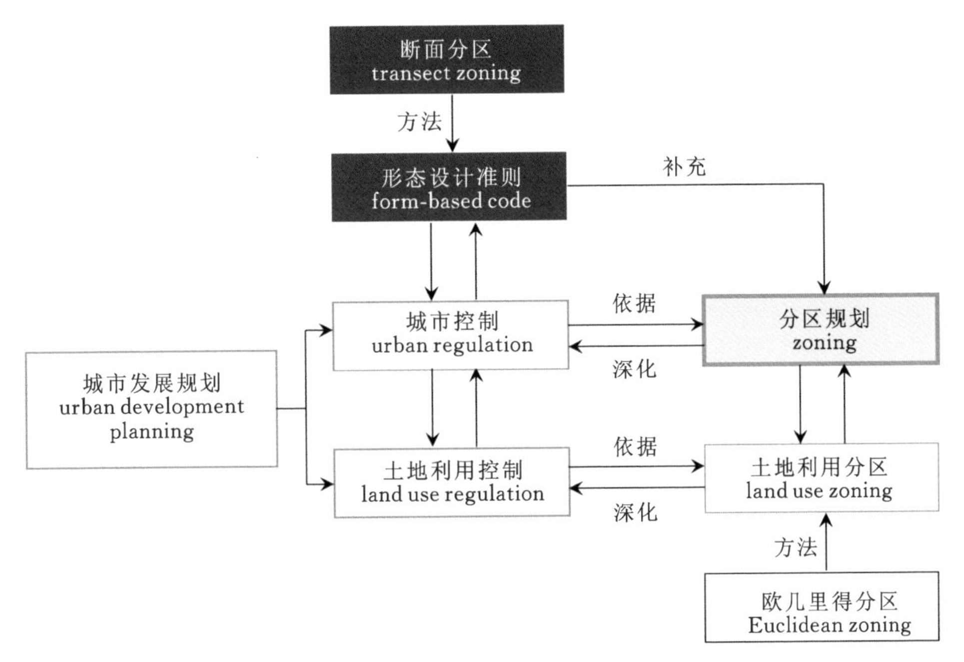

图 6-3　断面分区在美式城市发展规划中的作用阶段

在美国现代城市郊区化浪潮中，城市中心的衰败造成了极端的土地浪费，阻碍了公共资源共享，形态研究为重塑城市核心区提供可能。将形态研究进一步纳入城市空间规划，扩展了以土地功能为首要因素的传统城市空间规划体系。形态研究中的形态分区模式，提出一种认知建成环境物理特征的新方法，以三维形态作为基本控制要素，使其规划设计满足当代城市发展需求。形态分区利用断面形态谱系，创新性地建构了相对标准化的形态分类方式，实际操作中既可沿用标准的从自然到城市核心区的编码，也可根据现实情况调整。

即使如此，将形态研究嵌入既有的空间规划体系也并非易事。根据 2010 年的《加利福尼亚规划与发展报告》，形态研究对土地功能欠缺考虑，忽略了土地功能的重大影响力。但是，形态研究将功能作为次要考虑对象，其目的在于简化土地审查流程，不意味着土地功能在城市空间规划中不重要。比如在 2015 年的《迈阿密二十一条例》中，断面形态谱系除了包含各城市形态类型，也包含工业用地、市政机构用地等土地使用类型，并对功能进行了补充说明。

当前，我国城市处于发展转型期，如何在有限的自然资源基础上，合理分配用地，充分利用已建成环境，挖掘本土空间特色，是城市发展面临的问题。美国城市在市场的强力影响下，就业和住宅在空间上过于分离，一些就业岗位远离就业人员和服务对象的住所，因而试图通过土地混合来减少交通需求。在我国，早期的单位式住房分配，促使就业和居住用地高度混合，这些混合空间的零散分布导致各用地功能难以绝对区隔，不存在美式的、土地功能划分明确的“中心城市”。我国城市一定程度上可以看作是一种“无中心”城市。美国城市空间规划和形态设计有其特定的背景与意义，不能在我国直接进行本土化应用。但是，形态分区理念，包括促进土地功能多样化、建造步行友好的街巷网络、创建具有实用性和共享性的公共空间、保护历史街区和历史建筑、塑造良好的生态环境等，在中外城市建设中具有共通性，即从人性角度建构人的城市，对我国城市空间发展具有借鉴意义。

党的十八大将生态文明建设纳入中国特色社会主义事业的总体布局，国土空间规划体系以生态文明建设作为城乡空间发展的保障，避免走美式高消耗的老路。对于我国城市在一段时期内竞相建造大体量和超高建筑、小汽车使用过快增长、房地产市场中日益明显的居住分化、城市环境亟须优化等情况，可借鉴新城市主义将生态断面、乡村断面和城镇断面统筹考虑，建构面向广义人文性的城市更新方式。

国土空间规划提出，把三区三线，即生态、农业、城镇三类空间和根据生态空间、农业空间、城镇空间划定的生态保护红线、永久基本农田保护红线和城镇开发边界三条控制线，作为资源管控的基础，进行多规合一、统筹安排。参考美国的城市空间规划实践，除了形态的划分，功能结构、生态结构等都可在断面形态基础上同理扩展，得到内容更为复合的城乡空间断面谱系集，补充二维的土地利用性质讨论，从三维层面上加强城市空间设计管控，在建设早期预测城市整体风貌和空间形态发展趋势（图 6-4）。

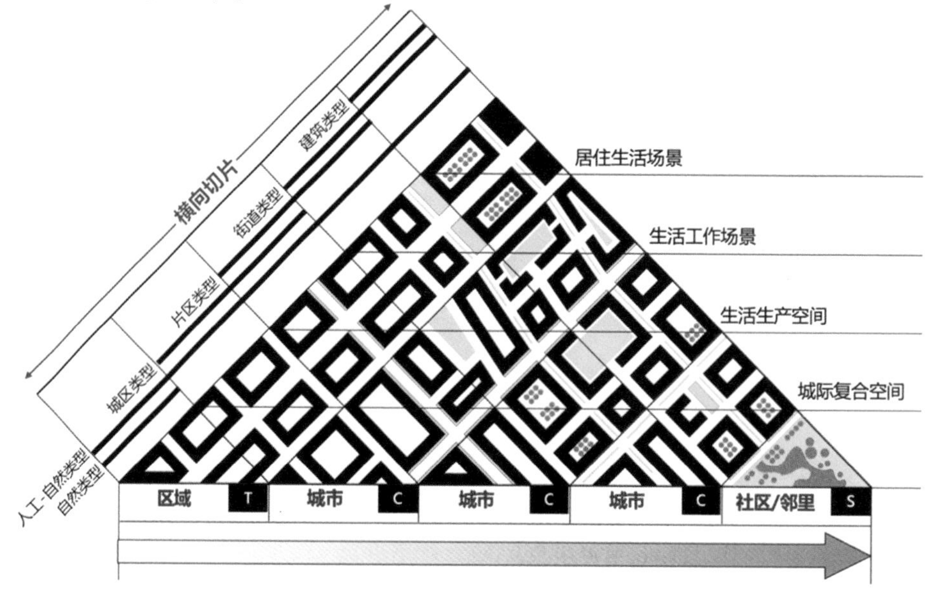

图 6-4　不同尺度下断面矩阵横向切片

6.2 人性城市更新

“人民城市人民建，人民城市为人民”。我国城市进入高质量发展新阶段，开发建设正从粗放外延式向集约内涵式转变。集约化发展是城市社会空间主要建构模式之一，紧凑的形态造就了独特的社会环境。当前，一些城市建设总量高但人文性不足，不同年龄段、不同社会背景的人群相互交织，多元人群差异化需求常被忽略，亟须通过规划设计手段予以解决，使城市建设更具人文属性。

6.2.1 现实需求与技术发展

城市表现为被创造出来的实体，本质上是建筑物、场所和空间的排列，城市生活围绕着这些实体空间展开。城市萌芽有多种原因，如天然河流的交叉口、河流与山丘之间形成的缺口、低洼地带之上的高地、防御或控制周边地区的堡垒地，等等。城市最初的选址反映了其创建者的规划愿望，所有城市的发展都是为了满足人类需求，城市是商品交换和智慧文明的汇聚场所。

在已有研究中，曾有基于人群生理差异的城市空间塑造指标，如热环境舒适度、步行安全系数等，主要从满足基本生理感知层面进行空间品质的把控。但是，人文需求具有多样性，需要从静态完形式的下限标准递进到动态人文式的优化标准。延展既有研究，将人文性解析为社会空间公平性、亲和性和开放性等层面，促进面向人文性全面提升的城市更新机制建立，营造具有人文关怀的城市社会。探索城市社会包容与空间要素的作用机制，可促进社会空间更公平、更亲和、更开放，满足人民对美好生活的向往，助力城市可持续发展。

随着 2007 年全球城镇化率拐点的到来，已有超过半数的世界人口居住在城市。以北京为例，北京是我国高密度城市之一，据北京市统计局数据，2019 年北京建成区常住人口密度为 1.45 万人/km^2，接近美国国际公共政策顾问机构 Demographia 划定的高密度城市门槛 1.50 万人/km^2，部分城区的人口密度远高于此门槛。2024 年，按照国际通用的高密度城市标准，北京和上海的主城区人口密度都已经突破 2 万人/km^2，香港元朗天水围新城人口密度达到 6.2 万人/km^2，深圳人口密度达到 1.85 万人/km^2。国外城市或地区也存在高密度现象，如纽约曼哈顿地区人口密度约为 2.6 万人/km^2。在经济发达的中心城区，人口密集度尤为突出。

高密度或许并非城市的最理想选择，却是经济社会发展到今天的必然产物。大规模城镇化为人居环境带来挑战，是不能回避的现实问题。城市密集建设在一定程度上促进了土地资源的高效利用，却也极易引发空间边界紊乱、形态秩序失调、人地关系紧张等问题，从而降低居住质量，牺牲城市社会环境适宜性，甚至危害公共健康安全。如不加以遏制，最终可能导致大城市病。

近年，学界反思了城市密度的内涵和衡量标准。除人口密度指标外，城市密度更关乎空间使用者的切身体验。各国对城市密度的划分千差万别，人的感知却可提供相对近似的标准，稳定的秩序会减少人口稠密带来的拥挤感受。密集建设和人性化空间并非相悖，关键在于如何塑造廊道、序列、界面，建构具有秩序感的城市。既存在秩序井然的“低密度感”的高密度城市，也存在建设混乱的“高密度感”的低密度城市。在无法避免密集发展的情况下，应致力于创建和谐有序的低密度感城市，高效组织形态与功能。

当空间的使用功能达到一定复合程度时，城市形态即从垂直转为立体。因此，当代城市空间形态很难继续停留在二维平面表述上，立体形态是城市空间研究的趋势。立体形态中，多种行动路线在不同标高处连通，构成效率导向的交通网络。荷兰 MVRDV 建筑事务所进行了最大容积率、城市密度设计和三维城市设计实践，提出“立方米”比“平方米”更适合度量城市密度。建筑师雷姆·库哈斯（Rem Koolhaas）在《癫狂的纽约》一书中提到,纽约的魅力源于高密度形态，拥挤文化容纳了更丰富的功能。人们对高密度城市的厌恶并非针对高密度本身，而是针对失控的城市管理和失调的城市形态。

当前，城市科学技术不断涌现，应对城市更新的人文性缺失问题，可融合数据集成、虚拟现实、人因技术、案例解析、现场实测等方法，建构人-机器-空间一体化的测度体系。

具体而言，可通过提炼多元人群公平性、亲和性和开放性等需求框架，按照垂直高度差异，将城市空间拆解为近地基面、深地空间、空中廊道，提炼各段空间要素，明确人文性与空间要素互馈机理。而后选择具有丰富社会阶层的城市片区进行田野调查，提出满足多元人文性需求的城市更新导控指标体系，包括公平性指标、亲和性指标、开发性指标等。结合问卷访谈、数字模拟、人因实验等剖析多元人群对城市空间的差异化反馈，得出指标合理阈值。以此为基础，建立城市更新刚弹性引导项目集，从近地基面集约公平、深地空间安全亲和、空中廊道开放可达等维度，提出人性城市更新的多维导控通道。使用的数据包含时空数据和人因数据两类，结合时空数据，形成居民个体、社会群体、社会组织等多方共享的空间信息模型底座；结合人因数据，进行城市更新的人文性和社会性验证。根据验证结果，在数字化模型中搭建控制参数工具箱，设置阈值调节端口，实现城市更新动态评估，支持实用性更新实践。

人因科学是一个综合性的学科领域，涉及心理学、生理学、生物力学等学科，研究人机环关系，以优化系统、产品和环境的设计，使人能安全高效地从事各种活动。人因科学的应用范围广泛，包括但不限于工业设计、安全科学、运动生理学、航空航天、人机交互等。近年来，人因科学在城市规划中逐渐发挥作用，比如用于探讨街道、公园、广场等对行人的友好程度，通过采集分析行人的行为习惯、感知需求等，为步行道的布局、照明、标识等设计提供依据，提高行人的安全性和舒适度。人因技术能够量化不同人群（包括老年人、残疾人等）的生理指标，推动无障碍设计的实施。数据结果反馈有助于合理设置坡道、扶手、盲道等，满足特殊人群的使用需求。交通方面，人因技术通过分析行人和车辆的行为模式，为交通流量的预测提供数据支持，用于合理安排交通设施，如道路、桥梁、停车场等，缓解交通拥堵问题；还可以支持交通信号控制系统的设计，通过研究行人和驾驶员的感知反应时间、注意力分配等因素，优化信号灯的配时方案，提高交通运行效率。

近年，人因技术也用于人们对环境的感知和认知过程，创造符合心理需求的空间环境，通过合理的布局、色彩搭配、绿化等手段，提升城市的宜居性和吸引力。人因科学的研究方法和工具可以为城市规划决策者提供人体基准数据，依据行为数据、生理数据、心理数据等，城市规划决策者能够更加全面地了解人们的生理和心理需求，从而制定符合实际情况的人文性设计方案。

6.2.2 中心城区人文性更新

中心城区通常具有建成时间早、发展历史长等特点，是城市空间高度饱和、人地矛盾尖锐、建筑空间紧张的典型区域。物理空间以高密度为主导形态，往往体现出高容积率、高层建筑密集或高建筑覆盖率，以及公共资源、市政设施、交通系统等高度紧凑的特点。

截至2023年，我国城镇化率达到66.16%，城市空间品质关系到9亿人口的民生福祉。中心城区人口占比大，以北京为例，根据2021年《北京市第七次全国人口普查公报》，50.2%的人口集中在中心城区（东城区、西城区、朝阳区、丰台区、石景山区和海淀区），高于其他十区的49.8%，东、西城区以0.57%的面积占比承载了8.3%的人口数量。基于新城市主义思潮和人性城市空间形态的讨论，中心城市更新可先进行空间形态现状及发展趋势分析，通过数字化平台整合多重形态指标，量化城市断面形态谱系，为中心城区更新提供理性的形态参数。在此基础上形成具有可操作性的形态分析技术方法，优化中心城区更新模式，提炼中心城区有机更新的有效路径。以空间形态导控为切入点，为中微观层面的街区更新提供从规划设计到管理的创新思路，依托基于多源数据的数字化技术框架，提出人文性更新策略。

现状问题归纳层面，利用形态分类方法对目标区域开展实地踏勘，采集建筑高度、容积率、覆盖率、敞地率等相关形态指标数据。对样本街区分地块进行图形统计和赋值分类统计，得出空间形态的基本参数和多类型分布范围。抓取样本街区的地理信息数据，与踏勘实测信息校核，量化分析形态序列及特征。收集相关公开政策信息，评判其在现状空间格局中的施行结果、优劣势及原因。从建设用地指标紧缩、混合功能本身的干扰性、空间结构复合性、居住环境压缩及公共设施共享性等方面，归纳现状问题和需求导向。

空间形态模型建构层面，基于形态量化分析和问题归纳，将各街区的形态控制数据引入参数建模平台，整合容积率、绿地率、用地面积、建筑高度等指标，使之转化为可被计算机识别的多源参数。编辑算法逻辑关系和运算规则，得到样本街区的可视化三维模型，调整参数数值或对应关系，形成具有参数关联性的形态控制模型数据库。量化比对模型库中的形态控制模拟结果，反推出具有包容性、公平性、亲和性等的形态控制指标阈值，满足人文性需求。例如，同时控制某街区的最大建筑高度、绿地率和容积率阈值，反复调整参数，可最终得出采光充足、可达性良好且能承载一定未来人口增长的街区形态模拟结果，对应的参数阈值为实际形态控制提供依据。

中心城区更新策略层面，对多源数据和数字技术支持的设计方案展开预测和评价，评价体系依据实际情况设置，如对城市形态塑造原则进行定性评价，包括步行友好性、公共空间可达性、预留发展用地等；根据城市规划设计评价标准进行定性和定量评价，包括人口环境的协调发展、历史文化街区风貌保护、行人和自行车路权保障等；根据绿色社区规划与发展评估（LEED-ND）指标进行定量评价，包括街区建筑的可持续性、公共交通高效性、优化代替新建等。依据综合评价结果对中心城区更新提出策略和建议。

中心城区更新是振兴和重新开发衰败、未充分利用的城市地区的过程，重塑城市并改善城市生活质量。这一进程涉及基础设施改善、住房升级和经济发展计划、改造衰败的社区等。更新工作通常侧重于改善物质环境，升级道路、公园和公共设施，解决住房相关问题，例如更换陈旧的建筑和建造新的住宅区。通过振兴这些地区，吸引投资，促进经济活动并改善居民的生活条件。

城乡规划设计技术不断革新，呈现跨学科发展态势。人性城市更新涉及的技术方法更为复合。例如，统计分析技术可作用于断面形态的类型化讨论，建构空间形态类型数据集。将不同属性的多源数据进行标准化处理，改变逆指标数据性质，使所有指标无量纲。借助标准化方程，对数据进行线性变换。确定各地块标准化值后，对每行每个地块的所有标准化变量进行求和并算出平均值，该平均值即为该地块的人工建设程度值，用以量化该街区的人工形态程度，明确空间形态序列，得出形态分类和控制准则。人工建设程度值反映某区域在断面形态谱系中的位置，人工建设程度值越高，地块越处于谱系的右侧，即人工区域一侧，反之则越处于谱系的左侧，即自然区域的一侧（图 6-5）。

图 6-5　断面形态谱系的人工与自然形态重构

（新城市主义学会）

控制结果评价中，按照各项评价标准计分，累加量表得出平均数、中位数、偏态、峰度等，进而形成理性结论。此外，还应对各街区开展实地走访调研，利用观察法、测绘法等收集原始信息，采集可量化的形态分类指标数据，获得第一手资料。利用影像记录法、访谈法、问卷法等深化现状认识，了解当地社会生活现状，记录建筑和公共基础设施质量。

利用多重数据对空间形态单元进行数字化模型建构，避免了人为的主观臆断。城市尺度下的数字技术研究已成为国际主流热点，集中在与建筑设计相衔接的城市设计层面，建筑街区实践较多。近年出现大尺度的城市数字化形态控制应用。数字建模技术的工作原理在于，编辑参数间的关系，输入参数数值，经过计算机处理输出可视化三维模型。当调整参数数值或各参数间关系时，三维模型即可实时更新，免去烦琐的人工修改，直至得出若干相对优解。在参数建模环境里，各形态控制对象存在于正空间或负空间当中。正空间对应实际物质空间中的实体，如建筑物、构筑物等；负空间对应切除或减去的部分，如实际物质空间中的公共空间、道路等。控制对象包含正负空间要素两类且缺一不可。基础参数来自样本街区的资料采集，通过地理信息数据校核，转化为可被计算机识别的数据类型并引入建模平台。基于统计分析，依据人工建设程度值将街区分类，把人工建设程度相近的街区视为同一形态序列。编写脚本，输入参数，得到各形态序列的参数模型和可视化数据。

以某街区形态控制模型为例（图 6-6），其中包含多个形态序列类型。图 6-6

(a)反映的是在模型中编辑的形态控制单元，用于设定建筑最大高度、容积率阈值等及各控制要素之间的关系；图6-6(b)反映的是将同一形态序列内各控制要素关系一致的集合设定为一个控制单元；图6-6(c)反映的是计算机通过运算自动生成的三维模型，即在该控制条件下的街区形态模拟。重复调整图6-6(a)和图6-6(b)中的控制要素量值，可以得到相对优解。

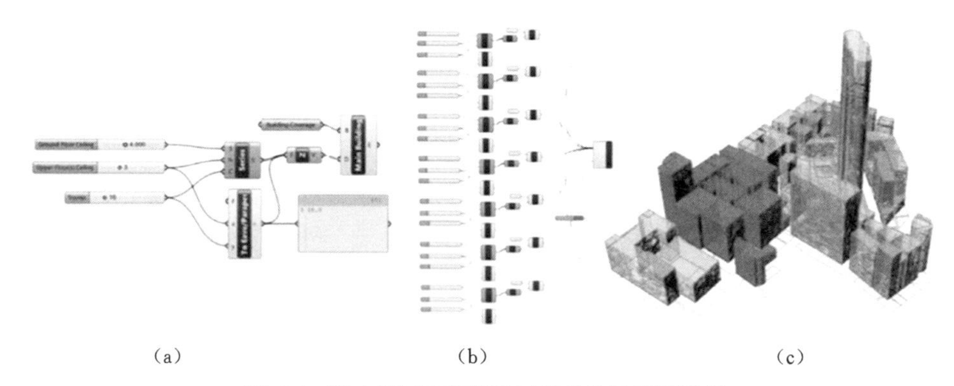

(a)　　　　(b)　　　　(c)

图6-6　脚本编写可视化及对应的参数模型举例

数字技术在中心城区更新中主要应用于空间形态优化阶段，建构建筑高度、容积率、绿地率等与形态相关的测度指标，定义各参数间关系。计算机通过运算自动生成基于算法逻辑的三维模型，在此基础上编辑分析脚本，测算与人文需求密切相关的可达性、光照强度、行为活动的空间引力等，得出量化结果，提出更新策略。

6.2.3　城中村人文性更新

城镇化过程中的城市规划、土地政策、社会经济发展等，使城市中除了现代化的中心区域，还存在一定量的城中村。城镇化使原本位于城市边缘或郊区的乡村区域，被城市包围并逐渐融入城市中，但其建设水平和社会生活等仍保留着乡村特征，这些地区通常具有人口密度高、生活气息浓郁、居住环境差、社会构成多样化等特点，是城市更新不可忽略的组成部分。

城中村的形成是一个复杂的社会经济过程，与快速扩张、土地制度、户籍制度等有关。城中村的治理和改造措施包括加强城市规划、完善基础设施、改善居住环境等，也包含传统文化习俗的保护和传承，从而促进城中村与城市的融合发展。城中村的人文性更新在一定程度上表征了新型城镇化发展程度、质量和水平，与城乡居民福祉关联密切。

我国城市中的城中村与一些国外城市中的贫民窟有本质不同。贫民窟是非正式居住区，其特点是基础设施不足、生活条件低下和缺乏基本服务。 这些地区通常环境复杂、人口增长快速、经济差距大、规划不足，造成了住房拥挤，清洁水、卫生设施和电力供应有限等问题。“贫民窟”一词通常带有贫困和边缘化的含义，反映了可能面临经济不稳定、社会排斥和向上流动机会有限的居民的挣扎，需要采取全面措施来解决系统性不平等问题并改善居民的生活条件。 贫民窟的更新，需要采取多管齐下的方法予以解决，既包括当下的紧急救济，也包括长期发展战略的支持。 干预措施包括升级基础设施、提供基本服务、改善住房质量等，以满足基本的生活标准。 贫民窟形成的根本原因在于社会经济条件不平等。 通过优化空间的硬件条件，可以在政策上辅助贫民窟改造和生活条件优化。

与贫民窟的发展滞后、难以进行社会流动不同，城中村正处于城镇化进程之中，发展前景广阔，其更新是我国城市建设的必然，是高质量城镇化的重要组成部分。 将叙事空间理论引入城中村更新，能够提供一种系统的、以人为本的更新思路。 区别于传统的空间要素研究，空间叙事理论从历史原真性和人的能动感知性层面，将城中村的独特文化与生活脉络融入物质空间更新，建构空间感知体验路径，提升人们的地域归属感和文化认同感，推进人文性更新。

我国城中村更新始于 20 世纪 90 年代末，经历了城村割裂的起步期、城村共生的兴盛期、城村一体的稳定期、城村共荣的转型期四个阶段。 每个阶段因其时代背景差异，面临的问题与更新目标各不相同。

城村割裂的起步期，更新侧重于物理环境改造，杂乱的建筑空间环境导致城中村与城市整体景观风貌难以协调。 道路狭窄、市政设施水平低、基础服务设施与城市脱节等是此阶段要解决的重点问题。

城村共生的兴盛期，更新行动不再局限于城中村的物质环境本身，转而剖析城中村在城市发展中的作用，引入社会学、经济学等不同学科的研究方法，对村民利益分配以及外来人口的居住与就业等问题进行讨论。 城中村的社会文化价值受到重视，保护有价值的社会文化资源并使其成为传承本土文化的物质载体，促进了城中村与城市相互交融、协同发展。 将城中村逐步转变为城市社区，无形的改造与有形的改造同样重要。 既要改变物质面貌，也要保护和发展在地的社会文化价值。

城村一体的稳定期，城乡统筹发展目标下的城中村更新建设，聚焦更新过程中各参与主体的利益协调，关注改造后居民的市民化、外来人口住房等问题，把城中村更新纳入城市整体统筹发展。

城村共荣的转型期，城中村的社会空间提质策略尤为重要，以城村协同为目标，关注土地、物业产权、居民的可持续收入、外来人口的城市权等议题。 重视城中村的社会活力，通过改善公共空间环境来提升社会生活品质，注重微观空间形态的营造，强调物质环境对社区情感的重塑作用。

新发展格局下，城中村更新已不再局限于物质空间，人性发展成为重要的价值导向。 城中村通常存在较为明显的社会分层现象，外来人口缺乏地域归属感。 以叙事空间理论为基础，可探讨城中村公共空间优化路径，提升城中村叙事空间可读性。 可读性的塑造既需要解析城中村公共空间的社会价值与文化价值，梳理城中村叙事空间基本特征及主要构成要素，也需要建构城中村叙事空间评价体系，形成叙事空间可读性评估模型，据此提出与评价状态相适应的城中村优化模式。

空间叙事理论探索空间与叙事之间的关系，研究空间布局和环境如何影响故事叙述和意义建构。 该理论框架整合了地理学、社会学和文学理论中的相关概念，以阐释物理空间及其配置如何影响叙事，以及叙事如何反过来塑造空间体验。 空间叙事理论关注空间背景和叙事结构之间的动态相互作用，强调空间不仅是故事的背景，而且是可以影响叙事发展和解读的组成部分。 空间叙事理论通过分析文本和现实世界环境中的空间维度，用故事和空间的融合来创造意义。

空间叙事理论的核心原则是叙事中的空间既可以是物理的，也可以是象征性的。 物理空间是指故事中描绘的实际地理位置或建筑结构，而象征性空间则涉及这些空间可能具有的抽象或隐喻意义。 例如，在文学作品中，人物穿越不同地理位置的旅程可以象征他们的情感或心理转变。 小说或电影中的城市环境可能反映社会文化主题。 空间叙事理论有助于揭示物理和符号维度如何相交，以增强故事叙述并深化主题探索。 叙事可以通过将特定的含义和关联嵌入特定位置，来塑造人的思维地图和对空间环境的解释。 城市和社区的叙事会影响公众的看法和社会互动，例如，城市在媒体或文学中的形象会影响居民和外来者对其特征和意义的理解。 通过这些叙事结构表达空间的故事，有助于形成空间身份和集体记忆。

利用空间叙事理论可研究人们如何与空间互动。 在现实世界中，城市环境、博物馆或主题公园等物理空间的设计引导人们的故事体验。 博物馆展品的空间布局使参观者形成自己的解读体验，同样，街景和公共空间等城市设计元素可以影响社会行为和互动。 空间叙事理论为理解环境与人类行为之间的复杂关系提供了一个框架。

在西方社会科学的空间转型期以及人文地理学的文化转向时期，空间叙事理论开始在社会学与地理学领域兴起，并被逐渐引入城乡规划当中。 城乡规划学中的空间叙事理论应用，主要以地图为媒介，结合空间分析塑造、城市意象、时间地理学理论和 GIS 技术，挖掘空间叙事的可能。 空间叙事理论的故事性特征使其易于被人们理解、掌握和感受，并与空间产生互动。

设计领域的空间叙事理论研究很大程度上是基于建筑叙事学。 建筑叙事学在建筑空间中，结合空间叙事理论和移动图像，以建筑动线界面作为移动图像的叙述载体，讨论建筑对人类感知的影响。在城市公共空间设计里引入叙事理论，是通过叙事载体、手段与策略，借助场所的物质与非物质要素，将空间的人文信息，如历史、文化故事与集体记忆等呈现出来，使空间使用者感知历史与文化记忆，实现对空间的情感认同。随着空间叙事理论的发展，城市层面的实证研究逐步增加。比如，将空间叙事视角引入历史文化名城保护，从城市时空关系的梳理、叙事框架的建构和文化主题的表达等层面，分析具体的规划手段，或对历史城区进行历时性分层比较，量化讨论空间叙事的路径。

可读性是空间叙事研究的重要方面，主要针对城市公共空间展开。1960 年凯文·林奇首先提出了城市可读性概念，他利用对城市居民的体验调查得出人们对城市的感知情况，并分析对比美国波士顿、洛杉矶、泽西城三个城市是否具有较强的可读性。在此基础上，有人研究从空间形式和空间意义两方面对城市景观进行可读性讨论，提出可读性视角下的城市街道空间生产方向。也有人将定量分析与可读性研究相结合，解读城市轴线空间的结构关系，揭示空间可读性与城市群体意象产生的内在联系。或借助非语言符号系统，构建以使用者心理主观评价和认知地图客观评价为基础的街道可读性研究，分析不同类型街道可读性的影响因素等。

空间叙事理论倡导延续文化和生活脉络，城中村为空间叙事理论应用提供了适宜的物质载体，以此挖掘城中村的社会文化价值，提升地域归属感和文化认同感，促进人性城市更新。从文化价值、生活价值及空间价值等方面解读城中村，形成涵盖实体空间、事件空间及村民认知的叙事体系。通过空间的可读性评估，明确空间叙事理论与城中村更新的相适性，为城中村更新实践提供依据。

城中村叙事空间可读性评估包含空间识别性、事件叙述性及村民认知性三方面，由多源数据支撑建立。其中，空间识别性、事件叙述性侧重描述叙事空间对村民的服务能力，村民认知性则侧重群体对空间的认知。评估指标包括街巷整合度、街巷选择度、街巷可理解度、空间质量、事件年代、事件在地性、事件独特性、事件认知性及事件空间评价等，通过多种数据采集分析，以量化数值形式纳入最终计算。

具体而言，借助文献阅读、实地调研、问卷调研和资料整理，将地图叠加得到样本片区的叙事空间结构，对叙事空间中的空间识别性、事件叙述性及村民认知性进行标准化处理。依据权重进行空间叠加，生成叙事空间可读性得分，对照调研结果做必要的检验和修正。村民认知性作为从属属性，分为良好且高认知、中等且中认知、低等且低认知、不均衡识别、不均衡叙述五类，探求人们对叙事空间品质的感性认知。

在量化测度中，层次分析法用于定量与定性相结合的决策分析，将难以定量描述的问题系统化，将系统分解为相互关联的多个因素。在德尔菲法的基础上，利用层次分析进一步计算各指标及其所占权重，将城中村叙事空间定性分析转换为数据指标结果。空间句法作为描述城市空间结构特征的计算机语言，其基本原理是对空间进行尺度划分和空间分割。空间句法中所指空间并不是欧几里得几何所描述的可用数学方法来测量的对象，而是描述以拓扑关系为代表的空间关系。运用轴线分析可得出叙事空间整合度、选择度及可理解度。感受法是一种心理测定方式，通过语言尺度进行心理感受的测定。基于调研问卷，掌握人们对城中村重要场所的空间感受、历史生活事件印象及了解程度。

多源数据为城中村叙事空间的特征分析提供了依据。方法体系框架包含以文献分析、实地调研等途径选择评估指标，以主成分分析法归类简化指标体系，以空间句法模拟识别性指标并进行可视化，以感受法制定问卷得到村民认知性指标数值并分级，以层次分析法确定指标权重，以条件价值检验叙事空间可读性的评估结果，以三维指标模型评价叙事空间状态，路径方法可靠，技术风险可控。

将叙事空间的空间识别性（包含街巷整合度、街巷选择度、街巷可理解度、空间质量等指标）、事件叙述性（包含事件年代、事件在地性、事件独特性等指标）以及村民认知性（包含事件认知性、事件空间评价等指标）权重叠加后，得到叙事空间可读性得分。对评估结果进行检验，根据三维指标差异，形成叙事空间状态评价结果，针对每一种状态选取相应样本对象，提出具体的公共空间优化策略。

无论是现代化的城市中心区，还是亟待改善提质的城中村，都是当代城市发展中关键的更新对象，是人性城市的构成要素。城市中心区是城市经济、文化、科技和社会活动的核心区域，承载着推动城市发展的重要作用。这些区域具有高密度的人口、高度集中的商业活动、先进的基础设施和公共服务体系，不仅是城市形象的展示窗口，也是吸引投资、促进产业升级、提升城市竞争力的关键所在。在人性城市建设中，现代化的城市中心区应注重历史文化的传承与创新，通过保留城市记忆、打造文化地标、提升公共空间品质等手段，营造具有独特魅力和人文关怀的城市空间。城中村作为城镇化进程中形成的特殊区域，往往面临着基础设施落后、环境脏乱差、社会治理难度大等问题。然而，这些区域也蕴含着丰富的社区文化和生活气息，是城市多元性和包容性的重要体现。在人性城市建设中，应着力改善城中村的居住条件和生活环境，保留城中村的社会文化特色，提升居民的幸福感和归属感。

城市更新既关乎当下人居环境适宜性，也关乎未来城市建设永续性。城市的密集建设易带来公共空间急剧减少、交通压力增大、热岛效应加重等空间问题，也易造成社会交往疏离、人际关系紧张等社会现象。因此，城市更新研究应既侧重物质空间建设，又关注人文性和社会性讨论；既重视社会结构、冲突与融合、绅士化、身份认同等问题的解决，又将社会现象与实体空间要素相关联，从而阐明具有人文性和社会性的城市更新机制。人性城市建设强调以人为本，重视城市的文化底蕴、历史传承和社会和谐。现代化的城市中心区与亟待改善提质的城中村都不是孤立的发展对象，城市各类型空间相互依存、相互促进，共同助力提升城市的人文性和竞争力。人文性是物质性的顶层逻辑，指引城市更新走向更可持续的方向。

6.3 适老化城乡社会

人口老龄化是当前城乡社会发展需要面对的重要挑战之一。适老化城乡社会关怀老年人福祉，为鼓励老年人积极参与社会生活，保持身心健康而进行规划设计。根据老龄人口特定需求和相关政策，塑造促进参与和社交互动的包容性空间。老年友好型城市的概念源自世界卫生组织的《全球老年友好城市建设指南》，其明确了需要改进的关键要素，包括户外空间、交通、住房、社会参与和社区支持，提高老年居民的生活质量，促进老年居民的身体、社交和情感健康。

老年友好型城市的核心设计内容是公共空间和基础设施。户外区域应可安全通行，配备维护良好的人行道、充足的座位和照明设施。公共建筑和交通系统应具有无障碍性，需要对坡道、电梯和低地板公交车等进行改造，以方便行动不便的空间使用者出行，减少阻止老年人参与日常活动和社区生活的障碍，营造更具支持性的日常环境。

交通的适老化优化关系到老年人的顺畅出行，可靠且便捷的交通选择对维持老年人的独立性和社会参与必不可少。适老化的城乡社会可优先发展满足老年居民需求的交通系统，如便捷的公共交通、适宜的步行基础设施等。增加交通选择的可用性，有助于老年人获得基本服务、社交活动和医疗保健设施，减少孤独感，提高整体生活质量。此外，以社区为基础的交通服务，可以为有特定出行需求的人群提供个性化支持。

老年人的社会参与在防止孤立、促进心理健康方面发挥作用。应鼓励创建让老年人参与社区生活的建设项目，例如老年服务中心、娱乐设施和志愿者站等。建立社交网络，培养归属感，提供有实际价值的参与机会。适老化的城乡社会应开发满足老年人健康和护理需求的服务，包括可达的医疗设施、家庭护理服务和社区支持网络。 优先考虑社会参与和社区支持，提高老年人口的生活满意度。

6.3.1 都市近郊乡村的适老化发展

党的二十大报告再度提及老龄化问题,提出实施积极应对人口老龄化的国家战略。 由于经济社会发展、乡村少子化、年轻人口外流等的影响，与城市社会相比，乡村社会老年人口占比逐年攀升，老龄化呈城乡倒置格局。 近年，大都市近郊乡村养老供需失衡现象尤为普遍，作为城市与乡村特征共存区域，大都市近郊乡村的养老问题研究对适老化城乡社会具有典型意义。

大都市近郊乡村为距离中心城区 120 千米以内、可达性高且受城市发展辐射的乡村。 根据国家《乡村振兴战略规划（2018—2022 年）》,以大都市近郊乡村为代表的城郊融合类乡村距离城市近、受城市影响大，城乡人口双向流动频繁，兼有城市和乡村特性，空间结构和社会构成复杂。 大都市近郊乡村，一方面与城市在交通、产业、基础设施等方面联系密切，社会文化受到城市外溢影响，比传统乡村的发展条件更为优越；另一方面经济建设又不足以达到城镇标准，融不进的城市和回不去的乡村，使大都市近郊乡村的人文性更新任重道远。

与城市相比，大都市近郊乡村养老既包括乡村老年人的就地养老，又包括城市老年人的迁入养老，养老设施总量具备优势，人们对标城区的愿望更强烈。 根据大都市近郊乡村养老需求和现状特点，其养老问题的症结在于多元养老需求与支持体系供给不平衡。 围绕乡村物质空间改善、产业转型、乡村旅游与城乡要素流动等，乡村“一少三难”问题受到关注。

新中国成立以来，国家对乡村养老的探索与实践促进了乡村养老设施的多样化发展。 从早期的五保供养机构，到乡村“幸福院”，再到村级邻里互助点、医养结合照护机构等，政府或民间组织的乡村养老服务表现出不同的功能侧重和发展轨迹。 乡村养老问题取决于老年人需求和其所能获得支持体系的适配程度，作为硬件支撑的养老设施是养老政策、服务等软件支撑的主要表征，因此，乡村养老设施是否契合老年人实际需求，其配置情况和服务成效是否具有提升空间，是乡村养老，尤其是大都市近郊乡村养老良性发展的关键。

大都市近郊乡村既存在养老设施闲置、养老机构运营情况不佳等问题，也存在老年人养老无处去、去不起的尴尬境况，养老困境制约乡村适老化发展。 因此，应关注大都市近郊乡村老年人不同生命周期阶段对养老设施的实际需求，应对养老设施供需错位、刚性供给不足等问题，对乡村养老设施配置进行整体优化，落实乡村振兴战略，推进养老事业发展。

老年人处于全生命周期的后段，存在慢性病显现、生活能力降低、焦虑抑郁隐蔽等生理和心理问题，日常生活能力直接影响老年人的身心健康。乡村医养结合型养老服务有助于化解老龄社会的健康治理风险，发挥政府财税政策的杠杆作用，促进多元供给主体的竞争与合作。乡村养老从以兜底保障为主，到向普适化转变，再到城乡一体化发展，各阶段侧重点不同。乡村养老服务建设可以从改善养老设施入手，应对不同发展阶段的实际问题。

根据美国卫生和公众服务部数据（2022），当前美国乡村养老研究与实践包括个人照护、营养服务、家务服务、居家安老、联合关爱、临时看护等内容，尝试缩小城乡养老政策、程序和政府干预程度的差别，寻求公平的、在地的、基于老年人生命周期的健康老去。欧洲国家中，捷克的乡村养老研究具有特色，在欧洲后社会主义转型中，捷克的乡村老龄化研究通过传记情境方法，提出政治经济环境、公共服务设施和在地化社区生活共同影响着乡村老年人对乡村变化的适应能力，以及老年人在乡村社区中的自我定位与归属感。

养老问题是复杂的社会问题，以养老设施研究为例，多学科领域都对其有所探索，养老设施研究伴随着老龄化率变化和城镇化进程而增加。在养老设施设计方面，老年人需求与建筑功能分区、尺度把控和精细化设计的相适性研究较多，养老设施主要集中于城镇化区域，医疗类养老设施包含内设护理站、内设医务室、社区卫生服务站、与大中型医疗机构结合设置等模式。此外，乡村地区的社区化改革推动了乡村基本公共服务配置升级，包括养老设施在内的基本公共服务设施布局兼顾覆盖性和市场化。乡村公共服务设施建设涵盖基本生活服务类和产业服务类设施，应整合闲置资源，将频用设施与空间纳入考虑。当前，居家养老、互助养老等乡村养老模式已有尝试，但是，乡村家庭养老存在心有余而力不足的困境，可借助产业振兴实现生活富裕，筑牢养老根基。

现有的养老设施规划和设计主要关注城市区域，集中于经济学、公共卫生和公共健康等学科领域，规划研究呈碎片化，多着眼于城乡公共服务设施一体化配置、生活圈模型等范畴。数字化技术使用较少，在方法论层面相对缺位。数字化技术在城市设计领域探索应用多年，能够提供理性计算结果，支撑科学设计实践，在优化乡村养老设施规划中具备应用潜力。此外，当前的养老服务设施规划设计标准存在部分设施名称、分类体系和建设规模指标不统一问题，一些设施缺乏明确的指引，不同设施的联合配置缺乏指标约束。

当前乡村养老设施建设多沿用城市标准，如“千人指标”“生活圈”等，但乡村人口规模结构、养老需求、空间格局等与城市存在巨大差异，公共服务设施在乡村的共享率明显低于城市，简单套用引发供需匹配不佳、公共资源浪费等现象。与其他乡村类型相比，大都市近郊乡村是重要的城乡过渡融合地带，人口和资源流动给乡村公共服务设施带来冲击。如何建构科学的乡村养老设施服务效能分析模型，形成大都市近郊乡村过渡与融合特征相匹配的养老设施配建标准，是加快城乡一体化、缓解乡村老龄化困境、全面推进乡村振兴的重要挑战。大都市近郊乡村养老设施配置不应再照搬城市标准，而应兼顾该类乡村老年人实际需求和公共服务发展规律。

自《城市居住区规划设计标准（GB 50180—2018）》颁布以来，以十五分钟社区生活圈为基准的城市社区公共服务设施配置有了明确导向。乡村长久以来广泛套用城市标准，城乡差异带来水土不服。大都市近郊乡村与城市关系密切，其公共服务设施配置更能反映出满足最基本生活需求的核心生活圈公共服务设施的特点与问题。我们应探求大都市近郊乡村养老设施服务效能低下的本质原因，基于乡村养老实际需求，从可获得性、可负担性、可达性等层面开展科学的量化测度，明确大都市近郊乡村养老设施服务效能提升的内在机理。

乡村养老设施包括为乡村老年人提供日常生活照料、娱乐休闲等服务的社会综合服务设施，包含养老院、老年人护理院、老年活动室等。以乡村老年人对养老设施使用满意度为因变量，以养老设施的可获得性（设施密度、设施丰富度）、可负担性（支付价格、使用频次）、可达性（步行适宜性、公交便捷性）为自变量，可形成乡村养老设施服务效能分析模型。

乡村养老服务设施建设套用城市标准带来弊端，亟须依照乡村老年人实际需求、乡村经济社会发展规律、乡村现有资源禀赋等，形成适宜乡村发展的养老服务设施建设标准。乡村养老设施服务效能和建设成效的理性判断，关系到大都市近郊乡村未来发展。为厘清多样化的乡村养老需求与养老设施建设的关联，有研究提出新的方法体系，即数字化建模融合数理统计计算，得出乡村老年人生命周期阶段的多样化需求和对应的良性乡村养老设施配置建议。该方法体系避免人为主观臆断，理性判断大都市近郊乡村养老设施服务和配建成效，确保服务效能提升策略科学有用。

乡村养老设施服务效能评价路径在于，依据调研数据、空间数据和数字化模型模拟数据，提炼乡村老年人核心养老需求并分级排序，统计分析现有乡村养老设施点位、数量、类型、运营情况等信息，探索养老需求与养老设施配建的耦合关系。开展基于地理加权回归模型的归并和分类，提炼影响老年人使用养老设施效果的关键指标，量化解析各指标间关系。基于数字化模拟结果，对分类结果和相互关系进行验证，对养老设施优化设计方案进行三维场景模拟和可视化预测，提出大都市近郊乡村养老设施配置标准建议。从大都市近郊乡村养老设施规划模式、配置指标、协同功能、设计要点、运营监管等层面，提出养老设施服务效能提升及整体性优化策略。

具体而言，依据田野调查和踏勘情况，建立大都市近郊乡村养老设施服务效能分析模型，利用卡诺计算法和主成分分析法，得出样本乡村老年人实际需求及分级排序。通过地理加权回归法和数字化模型，分析提升样本乡村养老设施服务效能的关键指标，提出大都市近郊乡村养老设施配建标准建议。通过调整数字化模型的参数阈值，检验养老设施规划设计方案和配建标准。

其中，卡诺计算法用于分析样本乡村老年人日常养老需求类型与优先层级。该方法常用于需求分类及排序，需求的优先层级包含必备型需求、期望型需求、魅力型需求和无差异型需求。卡诺计算法通过问卷数据统计，得出 Better-Worse 矩阵。Better 系数越接近 1，表示该具备度越高，该需求对用户满意度的正面影响效果越大；Worse 系数越接近-1，表示该具备度越低，该需求对用户满意度的负面影响越大。Better-Worse 系数落入第一象限的功能为期望型需求，表示提供此功能养老满意度会提升，不提供则满意度降低；第二象限为魅力型需求，表示不提供此功能养老满意度不会降低，但提供则满意度大幅提升；第三象限为无差异型需求，表示无论提供或不提供这些功能，养老满意度都不改变；第四象限为必备型需求，表示提供此功能养老满意度不会提升，但不提供则满意度大幅降低。

主成分分析法用于归并同类指标，提炼大都市近郊乡村老年人核心养老需求，得出满足各项养老需求的紧迫程度量化排序。主成分分析法是考察多个变量间相关性的多元统计方法，基本思想在于将原来众多具有相关性的指标重新组合成相互无关的综合指标，即从原始变量中导出少数几个主成分，通过少数几个主成分揭示多个变量间的内部结构。在数学处理方面，将原来 P 个指标作线性组合，作为新的综合指标。这一过程可先为养老需求类型编号，并由 SPSS 工具中的要素分析模块计算并验证。

地理加权回归法用于对乡村养老设施服务效能影响因素分析，并得到影响服务效能的关键指标。作为一种空间分析方法，地理加权回归模型是多元线性回归模型的扩展模式，可为模型范围内每个点建立局部回归方程。在地理加权回归模型中，可直观地观察到自变量（养老设施可获得性、可负担性、可达性等）对因变量（养老设施使用满意度）影响的强度及其在空间上的分布情况。

数字化模型建构法用于理性评估样本乡村的养老设施配建方案，预测大都市近郊乡村养老设施规划设计结果。通过编写计算机运算规则，在数字化建模工具中建构即时可视的乡村三维空间基模，减少模型建构的机械重复操作和逻辑演化过程，利用计算机循环运算得到数字化模型，提升工作效率。建构乡村建成区三维空间基模、多类型养老设施配置规划、老年人行为预测的脚本模块，主要涉及 GIS 环境的数据挖掘、磁场工具和迭代算法等。将各脚本模块加载到三维空间基模中，调整参数阈值进行多次模拟实验，使计算机自动测算良性的大都市近郊乡村养老设施配建方案，并同步完成可视化场景演示。

6.3.2 优化养老设施女性包容性

除大都市近郊乡村养老设施的效能分析，还应细化老年人群类别，依照多样化养老需求，提升养老设施包容性。以老年女性为例，乡村老年人口占比高，老年女性数量多于老年男性数量。老年女性生理和心理需求与同龄男性相比存在差异，性别视域下的乡村养老问题尚需科学解答。

空间女性主义是将女性主义理论与空间分析相结合，研究性别差异和空间塑造如何相互交织，使空间配置和实践体现性别特征，通过这些配置影响女性和边缘化性别在公共和私人空间中的感受。通过审视性别关系的空间维度，空间女性主义挑战了传统的空间观念。空间女性主义植根于女性主义理论和批判空间理论，二者都探讨性别和空间的相互作用方式。女性主义强调性别的社会建构，揭示造成性别差异需求无法满足的空间结构。批判空间理论则探讨空间的社会建构方式，以及空间设计如何反映和强化结构关系。这两个框架的融合催生了空间女性主义，为空间实践赋予性别意义，分析不同性别人群的人文感受。

空间女性主义的核心概念是“性别空间”，空间不是中性的，而是被赋予了性别内涵。这与将空间仅视为社会活动背景的传统观点不同，城乡空间对塑造和强化性别规范方面产生影响。例如，公园和交通系统等公共空间的设计应回应性别差异化需求，不同性别在这些空间内体验安全感、可达性和社交互动的方式不同。通过性别空间实践，空间女性主义意在解决空间结构中存在的性别差异被忽略的问题。

空间女性主义学说可以追溯到 20 世纪后期的女性主义运动。早期的女性主义地理学家和城市规划师，分析了空间和场所如何被性别化，以及空间不平等如何影响女性生活，为空间女性主义研究奠定了基础。女性主义研究先驱多琳·马西（Doreen Massey）对性别劳动空间维度的研究、列斐伏尔对空间实践与性别关系的交叉阐述等，为空间女性主义提供了关键解释。

20 世纪 90 年代，后结构主义通过引入交叉性和对普遍化叙事的批判，进一步丰富了空间女性主义研究。正如金伯利·克伦肖（Kimberlé Crenshaw）阐述的那样，交叉性强调了各种形式的身份之间的相互联系，包括性别、种族、阶级和性取向。这种方法使空间女性主义者能够分析多重身份与空间实践的具体关联，对空间不平等有更细致的理解。此外，后殖民女性主义提出考虑空间女性主义全球维度的重要性，探讨殖民历史和全球权力动态对空间实践的塑造。

融入空间女性主义理论的城市规划倾向创造包容、公平、满足所有居民需求的环境，解决公共空间的安全性、可达性等问题，包容不同的观点并满足边缘群体的需求。

不同的个人和社区以不同的方式感知空间。例如，美国的部分低收入有色人种女性的需求与中产阶级女性或男性的需求不同，为满足这些差异化需求，空间实践应对各种身份和困境进行细致回应。通过交叉法，城市规划者和政策制定者提供更有效的空间塑造策略，促进社会正义。空间女性主义主张在城市规划中承认和纳入非正式及非传统空间。许多边缘化社区依靠社区花园、非正规市场和公共聚集区等非正式空间，来满足其社会和经济需求。认识到这些空间的价值并将其纳入规划流程，有助于支持社区的复原力，保障居民获得所需的资源和机会。

乡村养老设施能否包容老年女性不同生命周期的养老需求，切实关系到近郊乡村老年人的福祉。为应对老年女性人文需求被忽视和养老设施包容性不足的问题，可基于空间女性主义的女性包容性立方体和环境健康理论，探究老年女性人文需求与养老设施包容性的关联机理，建构人因数据和时空数据协同支持的都市近郊乡村养老设施女性包容性评价体系，提出养老设施女性包容性优化策略。

大都市近郊乡村养老设施作为养老支持体系的实体表征，需要包容不同性别老年人的差异化人文需求，将养老政策落到实处，这关系到老年人尤其是老年女性的晚年生活质量。与老年男性相比，老年女性的生理寿命虽占优势，但罹患心脏和骨质疾病的概率更高，对环境变化的心理反应更敏感，社交需求更强。既有的乡村养老设施研究缺乏对性别维度的讨论，有关以老年女性身体属性需求为主体的乡村养老设施包容性研究不足。因此，需要以大都市近郊乡村就地养老型和迁入养老型老年女性各生命周期差异化需求为牵引，面向近郊乡村养老设施多类型、多要素的使用场景，从公平性、灵活性、开放性等层面，提出性别维度下大都市近郊乡村养老设施女性包容性优化策略，推进乡村养老设施科学配置与高效利用评估，促进多元需求与支持体系供需平衡。

经典环境健康理论认为，影响老年人健康的有生理、心理、环境等因素，其中环境因素包括自然环境和社会环境，特别是社会环境对健康有重要影响。包容性立方体理论认为，老年人是充分包容差异性的理想群体，随着老年人感觉轴、认知轴、运动轴向最小值发展，养老设施对需要满足的身体机能要求降低且可使用者增多，包容性据此增强。反之，各轴越接近最大值时包容性越弱。

养老设施女性包容性是尽最大可能面向所有老年女性养老需求的设施属性，其关联要素包含主体、客体和介体。主体为老年女性及其人文需求，客体为乡村养老设施实体，介体为乡村经济社会和空间环境。乡村养老设施女性包容性测度要素涵盖感知包容性、认知包容性和运动包容性。感知包容性与主体-客体相关，涉及老年女性视觉舒适、嗅觉清新等需求；认知包容性与主体-介体相关，涉及文化适宜、人际熟悉等需求；运动包容性与客体-介体相关，涉及老年女性通行便利、运动自由等需求，多重老年女性人文需求与养老设施包容性复合关联。针对老年女性人文需求被忽视和养老设施包容性不足问题，依据包容性立方体理论和环境健康理论，可探究女性养老的人文需求及其与养老设施女性包容性的作用机理，不再对无性别差异的标准进行简单套用。

依据大都市近郊乡村养老特征和老年女性生理和心理变化规律，将大都市近郊乡村女性养老类型划分为乡村老年女性就地养老和城市老年女性迁入养老两类，明确两类养老人群自初老至临终的全老年生命周期界定方式。依据环境健康理论，对不同类型、不同生命周期的老年女性人群养老需求按照生理需求、心理需求和环境需求进行分级分类，继而厘清近郊乡村女性养老差异化人文需求。根据包容性立方体理论，将养老设施女性包容性分为感知包容性、认知包容性、运动包容性。以乡村老年女性人群的生理需求、心理需求和环境需求为因变量，以养老设施的女性感知包容性（视觉、触觉、嗅觉、听觉）、女性认知包容性（情绪反馈、文化差异、信息理解、场地依恋）、女性运动包容性（游憩休闲、慢速运动、快速运动、步行通勤）为自变量，揭示多元老年女性人文需求与养老设施女性包容性的关联机理。

乡村老年女性的人文需求和养老设施的女性包容性供给，均关系到养老设施能否高效提供服务，有必要将主客观因子共同作为养老设施的女性包容性评价内容。主观评价因子包含老年女性对养老设施的综合评价，如视觉舒适度、嗅觉清新度、环境熟悉度等，客观评价因子包含养老设施能提供的女性感知包容性、女性认知包容性和女性运动包容性，以此建构近郊乡村养老设施女性包容性主客观融合评价体系。依据评价结果，从公平性、灵活性、开放性等方面，对近郊乡村养老设施规划模式、配置指标、设计要点、运营监管等，提出人本视角下的女性包容性优化设计路径。

从老年女性主观感知出发，应以老年女性及其身体属性需求为主体，完善大都市近郊乡村养老设施女性包容性评价指标，探寻影响女性包容性的问题成因，从根源上助力提升近郊乡村养老设施全人群、全尺度、全周期包容性。建构人因数据支持的人文需求感知测度和时空数据支持的养老设施女性包容性测度协同方法，确保养老设施女性包容性设计的科学性和有效性。人因技术支持的人文需求和感知测度近年逐渐应用在城市研究中，通过具身循证的人本感知数据，增强城市建设的人文性，完善近郊乡村研究的方法体系。

方法体系包括：基于环境健康理论明确老年女性人文需求类型，运用实地调研法及与之关联的数据统计、机器学习技术奠定人文需求研究的数据基础；选择样本乡村进行养老设施信息普查，通过虚拟现实技术建构养老设施时空信息模型，通过生物电技术采集人因感知数据，定性、定量分析养老设施包容性；建立老年女性人文需求与养老设施女性包容性关联，形成乡村养老设施女性包容性主客观融合评价体系；结合评价结果，形成人文需求视角下的养老设施女性包容性指数，从而总结出近郊乡村养老设施女性包容性设计优化理论的方法体系。

随着感知计算科技的进步，人因技术逐步应用在建筑与城市设计领域，用于优化“人-机器-环境”系统配置，创造符合人类需求和能力的空间环境。将人因技术引入乡村养老设施性能研究属合理延伸，利用人因技术对人本感知测度可量化、实时性特点，为乡村养老设施女性包容性设计优化提供先进工具，形成调查感知工具集。结合传统访谈问卷方法，共同在人本视角下解析养老设施与女性心理和行为产生的关联。

数字孪生技术在国内外工程建设领域具有相对成熟的应用路径，其核心在于充分利用物理模型、传感器更新、运行历史等数据，形成多要素、多尺度、多概率的仿真过程，在虚拟空间中完成物质实体映射。因此，数字孪生模型可为乡村养老设施女性包容性测度评价提供基础底座，构建虚拟仿真实验和人机交互测试环境，形成测度评价工具集。通过数字孪生模型中的实验数据采集，得出养老设施女性包容性控制性参数及阈值，支持近郊乡村养老设施女性包容性优化技术革新。

还应对样本地区进行参与式观察，认知老年女性的生活轨迹、日常行为，以及突发事件（如洪水）对老年女性的影响等。利用遥感影像注记、问卷法、访谈法、兴趣点法等，客观反映样本地区养老设施普查信息和老年女性需求信息。

通过地理空间信息平台和数字孪生模型建构，形成虚拟场景中养老设施配置可能性枚举。以二维平面为对象，计算乡村养老设施之间的拓扑、几何、实际距离等关系，分析实体空间可达程度，形成定量结果；以三维地理空间为对象，将时间因素引入乡村养老设施女性包容性分析，通过记录位置、路程用时、停留用时等分析养老设施对女性多重养老需求的反馈。基于图像分割和大规模图像数据的智能识别，计算机自动识别出设计要素，测度养老设施及其周边地区的物理空间构成，对设施女性包容性要素进行计算机智能识别和分析。通过眼动追踪、皮电、肌电等生物电技术，借助可穿戴人因设备，对老年女性视觉、触觉等感知进行量化采集，形成对养老设施的生理感知数据集合。将人因技术引入乡村养老设施研究，可探寻包容性立方体理论、环境健康理论和人因工程学技术交叉空白。

大都市近郊乡村有其特殊性，尽管经济水平和养老设施总量均优于偏僻乡村，但供需失衡同样制约其养老发展。以养老设施为着眼点，从性别差异入手，面向养老设施的女性包容性提升，有利于实现与大都市近郊乡村人文发展相适应的养老设施女性包容性优化，从而充分依据近郊乡村实际情况，摒弃对城市标准和无性别差异标准的套用。针对大都市近郊乡村特点，明确老年女性养老的人本化需求与乡村养老设施女性包容性的关联机理，将乡村养老设施包容性研究延伸至性别差异层面，从女性感知包容性、女性认知包容性和女性运动包容性等维度追寻女性包容性设计。基于人本视角，提出尚缺乏的、专门面向近郊乡村的养老设施女性包容性提升设计理论方法，为应对乡村老龄化问题提供依据。

时空数据与人因数据协同技术，可将难以量化的乡村老年女性人群需求和感知进行量化测度，结合时空数据支持的养老设施女性包容性分析，建构大都市近郊乡村养老设施包容性优化设计方法体系。理性判断大都市近郊乡村养老设施包容性，确保优化设计路径科学有效且具人文关怀。

6.4　数字化城市社区

数字化社区即运用信息技术和手段整合社区资源，在政府职能部门、社区基层管理机构、社区群众之间搭建数字化协作渠道，实现实时信息交互，提升社区设计的智慧性和人文性。我国“十四五”规划明确指出，推进智慧社区建设，依托社区数字化平台和线下社区服务机构，建设便民惠民智慧服务圈。在当前及未来经济社会发展中，实现数字化社区是建设智慧城市和数字乡村的重要途径，也是党和国家联系服务人民群众、打通“最后一公里”的有力支撑。北京市十五届人大常委会第五次会议提出，以推进智慧交通、智慧医疗、智慧城市等建设为示范，以开展数字化社区建设为试点，大力提升城市服务管理水平。立足社区发展需求，探索数字化社区建构模式，是实现社区设计人性化精细化、治理人性化发展的有效途径。

6.4.1　社区的人文属性

“社区”一词最早出现于英国学者亨利·梅因（Henry Maine）1871 年出版的《东西方乡村社会》一书中，他用村落社区指代人们聚居的生活空间。梅因认为，法律体系和社会制度从简单形式发展到复杂形式，早期社会受不成文习惯法和亲属关系支配。随着社会变得越来越复杂，这些关系逐渐演变为更加正式和成文的法律结构。此种转变反映了从地位到契约的社会演变，其中基于既定地位（如家庭、种姓等）的社会关系，让位于基于个人契约和自愿协议的关系，代表了现代社会向人文主义和法律理性迈进。

真正的社区概念是1887年德国社会学家斐迪南·滕尼斯（Ferdinand Tönnies）提出的。在《共同体与社会》一书中，滕尼斯用"gemeinschaft"表述社区，描述具备共同价值和观念的同质人口共同构成的社会团体，团体成员形成密切的、能守望相助的、具有人情味的社会关系。相比之下，社会则代表了现代城市社会中更为非个人化的契约关系，这种社会关系的驱动力往往是利益或正式协议。工业化和城镇化使亲密的社区纽带转变为更正式、更具有交易性的关系。

滕尼斯是德国现代社会学的缔造者之一，他的社会学思想主要体现在对"共同体"与"社会"的区分上。共同体是通过血缘、邻里和朋友关系建立起的人群组合，其基础是本质意志，表现为意向、习惯、回忆等，与生命过程密不可分；社会则是靠人的理性权衡，即选择意志建立起的人群组合，是通过权力、法律、制度的观念组织起来的机械合成体，从中世纪向现代的整个文化发展就是从共同体向社会的进化。社区作为社会与共同体的结合部分，比单纯的共同体更具有社会意味，比单纯的社会更人性。礼仪社会与稳定、连续性和强烈的归属感有关，而法理社会与以效率和理性为特征的、动态复杂的社会网络有关。滕尼斯对社区的理解为后续社区研究提供了最初的方向，遗憾的是，1933年因纳粹政权的上台，滕尼斯被解职，此后逐渐淡出学术界，直至1936年在基尔逝世。

20世纪60年代末，由美国政治学家德怀特·沃尔多（Dwight Waldo）资助并发起的新公共行政运动，运用现象学方法、本土方法论等，形成以公共部分为重心的公共行政学理论，民众成为政府决策参与者及公共服务对象。1968年，沃尔多号召三十多位年轻的行政学学者会聚于美国锡拉丘兹大学的明诺布鲁克会议中心，通过回顾和检讨公共行政学的发展历程，讨论公共行政面临的问题，并寻求公共行政未来的发展方向。新公共行政运动将社会公平视为公共行政的核心价值，政府提供的服务应促进社会公平，确保人们平等地享受公共资源和服务。这一理念打破了传统公共行政学的"政治中立"观点，认为行政人员应积极参与政策制定并承担责任。

新公共行政运动倡导管理创新，包括采用先进的信息技术、组织架构、绩效评估和奖励制度等手段，以提高公共管理的效率和响应能力，优化政府服务质量和治理水平。社区建设与公众切身利益息息相关，信息技术的发展进一步推动了公众参与过程。

在保罗·达维多夫（Paul Davidoff）的规划价值属性及政治属性学说影响下，加拿大政治经济学家哈罗德·伊尼斯（Harold Innis）等提出，媒体是公众参与决策的重要媒介。根据达维多夫的理论，社区规划无法保持中立的状态而追求纯粹的技术理性，社区规划过程中应包含多种价值判断，以反映不同社会群体的需求和利益，多元性的价值判断有助于确保规划结果更加公正和全面。规划师应该意识到自己的价值判断可能对规划结果产生影响，并努力在规划过程中保持开放和包容的态度，以接纳和整合不同的价值观点。

基于达维多夫的观点，伊尼斯认为，任何社会的传播媒介都会极大影响社会组织的形态以及人的交往方式。新的媒介改变了社会组织的形态，开创了新的交往模式，并促使社会结构发生变化。媒介具有时间和空间的偏向性，偏向时间的媒介，如石头、羊皮纸等易于长久保存但难以运输，用于树立权威和维持社会体制；偏向空间的媒介，如纸张、现代电子媒体等，易于远距离传送但保存性差，有助于形成等级性不强且信息传播速度快的社会体制。这种偏向性不仅影响社会文化传播，还深刻影响了政治形态和公众参与决策的方式。作为新世纪最重要的新媒体形式，互联网使数字化社区规划设计成为可能，技术发展与社会互动双向关联，为社区更广泛的决策主体提供开放参与的媒介。西方社区治理理论的兴起，推进了基层社会改造。由于数字技术革新和全球化进程加速，一些西方城市的社区公共生活出现萎缩，社区治理理论谋求公共生活复兴。

当前，西方社区治理引导下的数字化社区建设包含两个视角。一是国家-社会关系视角，依据乔尔·S.米格代尔（Joel S.Migdal）在《强社会与弱国家：第三世界的国家社会关系及国家能力》中的论述，国家能力与社会自治之间存在张力。围绕市民共治和国家管控两条线索，构成数字化社区的类型学讨论。二是市场介入社区治理视角，政府、市场、社会三方互动博弈构成数字化社区治理宏观结构的微观基础。

20世纪30年代，燕京大学社会学系吴文藻教授将社区研究引入我国，他的学生费孝通等翻译帕克的论文集时，将“community”译为“社区”。费孝通在其社会学著作中将社区定义为若干社会群体（家族和氏族等）或者各类社会组织（机关和团体等），共同聚集在一个特定的地域里，形成一个在生活上紧密关联的大集体。

2000年，民政部发布的《民政部关于在全国推进城市社区建设的意见》中，社区被界定为聚居在一定地域范围内的人们所组成的社会生活共同体。目前城市社区的范围，一般是指经过社区体制改革做了规模调整的居民委员会辖区。我国的城市社区，是政府治理下的、以地域为划分标准的边际治理单元，是国家治理的基本组成单位，也是国家政策下放的末梢组织。

新中国成立初期，因建立政权的重要性及紧迫性，我国设立了街道办，规定了居委会的自治地位、作用和性质，在城市社区管理上形成了三级组织体系，即城区、街道、居委会。五年计划的制定和实施，使城市工业和社会经济得到快速发展，人口聚集在各工作单位。在人口流动管制放开之前，单位承担的社区管理服务功能相较于街道办等更为复杂与周全，也更具针对性。改革开放后，国家经济发展水平快速提升，人口管制也逐步放开。1989年《中华人民共和国城市居民委员会组织法》颁布，涉及卫生、教育、劳动等多方面，由民政部组织实施，基层政府实际参与。在政府的推动和社会的支持下，社区的服务范围和内容不断扩大、设施不断增多、服务队伍不断壮大。1995年民政部颁布了《全国社区服务示范城区标准》，社会福利改革由国家福利模式转向社会化模式，地方政府积极探索社区服务市场化，将社会服务部门归入第三产业。21世纪以来，民政部确立了多个全国城市社区建设试验区，经过试点，总结了具有推广意义的社区管理方案，其中最具代表性的有上海模式、江汉模式、沈阳模式等，这些典型模式为全国的社区管理建设提供了借鉴。

以上海模式为例。上海社区建设强调“人人参与、人人负责、人人奉献、人人共享”的城市治理共同体理念，通过建构党委领导、政府负责、民主协商、社会协同、公众参与、法治保障的社区治理体系，推动社区治理的现代化。所谓“两级政府、三级管理、四级网络”，将社区建设与城市管理体制改革紧密结合，形成街道社区，并依靠行政力量推动社区发展。这种模式具有很强的行政推动特点，可概括为“行政社区建设”。

上海在全市范围内推进“十五分钟社区生活圈”，通过完善社区服务设施，提升居民生活品质。在十五分钟步行范围内，居民能够享受到便捷的公共服务，包括党群服务、就业、医疗、扶老、托幼等。“1+N”社区服务空间布局较有特色，以党群服务中心为基本阵地，通过慢行网络串联多个小型设施点，形成“十全”“十美”的公共服务导向。

上海模式的典型实践包括闵行区的新时代城市建设者管理者之家、“一桥四方”老旧小区适老化改造、力波转型更新项目、九星家园社区党群服务站、初心驿·聚前湾党群服务中心等。新时代城市建设者管理者之家通过提供保障性租赁住房，解决来沪人员租房难的问题，同时配备齐全的家具家电，实现拎包入住。“一桥四方”老旧小区适老化改造通过连片整体规划，打造嵌入式养老服务格局，提升社区养老服务水平。力波转型更新项目保留力波啤酒厂原始面貌，使其成为区域文化创新的产业地标，同时提供多元化的社区服务设施，打造十五分钟慢生活圈。九星家园社区党群服务站基于群众需求导向，设置多项服务空间和活动内容，提升社区治理服务效能。初心驿·聚前湾党群服务中心作为社区、园区、街区和校区“四区”联动枢纽，提供多项服务内容，促进社区共建共享。

上海市人民政府发布的《社区新型基础设施建设行动计划》，提出推动5G、人工智能、物联网、大数据等新技术全面融入社区生活，提升社区治理的智慧化水平；加快实现5G、千兆光网、新型城域物联专网等在社区的深度覆盖，夯实新一代信息基础设施底座。社区建设的上海模式是一个集共建共治共享理念、完善服务设施与空间布局及技术应用与智慧化建设于一体的综合性模式，用以提升社区治理的现代化水平，改善居民的生活质量。

当前，城市社区建设目标更高，与人民城市建设的关系也更密切。党的十九大明确提出打造共建共治共享的社会治理格局，加强社区治理体系建设，推动社会治理重心向基层下移，发挥社会组织作用，实现政府治理与社会调节、居民自治良性互动。在贯彻落实十九大精神的背景下，包括社区治理能力和治理体系现代化的社会治理现代化日益成为政府部门和学术界共同关注的热点。

6.4.2 数字化社区建构方法

数字化社区运用信息技术和手段整合社区资源，在政府职能部门、社区基层管理机构、社区居民之间搭建数字化沟通渠道，实现实时信息交互。信息时代的多类型数据为数字化社区提供了底层架构基础。与物质空间建设相比，信息技术可在城市社区再生中发挥更大作用。数字化以模块化为特征，通过参数控制路径提升数据信息共享效率。信息技术是数字化社区建设的主要方法支撑，形成社区地理信息系统、智慧物业管理、智慧安防、政务信息服务、社区管理APP及云服务等，从而实现信息支撑数据、数据引导流程再造的动力机制。

智慧社区管理平台是数字化社区建构的要素之一，可结合城市信息系统等辅助社区治理。已有实践将建筑信息模型（BIM）和地理信息系统（GIS）技术集成应用，提高长线工程和大规模区域性工程的管理能力，实现城市工程项目建设管理的信息化与智能化。同时分别对BIM和GIS技术进行整合应用，对城市基础设施采用智能化管理，形成BIM+GIS集成智能化管理平台的应用案例。信息数据管理平台在信息共享及集成、可视化、协同性、安全性等方面有显著成效，如何实现BIM轻量化、数据格式转换和标准扩展是技术探索热点。有研究从智慧城市和城市信息模型（CIM）技术的内涵出发,两线并行,形成一套基于CIM的智慧城市管理平台设计方案。

香港科技大学CIM研究中心认为，CIM技术为一个可以存储、提取、更新和修改所有城市相关信息的数字化平台，相关部门可在CIM上实现数据的共享和信息的传递。CIM平台的基本构架包括决策层、应用层、数据处理层、数据传输层、数据收集层，由此实现政府主导、企业助力、居民参与，促进由上到下顶层规划，规划、建设、管理的智慧化三步走策略，消除信息孤岛，避免重复建设。CIM 可支持现阶段的智慧城市和智慧社区建设，有效促进智慧城市建设与发展。

数字化社区建设的技术方法呈多样化。例如，基于二三维地理信息系统的智慧社区管理，通过数据支撑和平台架构，为智慧社区横向和纵向发展提供新思路，包含提升开放性、安全性、用户需求多样化、服务能力等。数字化信息服务建设技术要点包括语音 AI、感知 AI、大数据智能等，支持公共数据安全存储与使用。安防智能综合应用场景多样，主要解决数据驱动、智能加速适配、边缘智能等问题。

数字化社区的建构方法体系面向多个任务维度。前期应结合历史文献法，荟萃已有数字化社区相关政策和条例，从而全面、完整地形成数字化社区设计基础。通过实地调查法，对样本社区进行参与式观察，了解和掌握社区居民的日常生活轨迹、生活生产需求，以及大型公共卫生事件对群众日常生活的影响及其引发的社区问题、社区治理结构体系、现有数字化社区建设情况等。通过影像记录、观察法、访谈法等，获取一手资料，客观反映实地调研信息和实际情况。利用比较分析法，纵向比对平急时数字化社区运行方式，由可共享的多级数据形成智能应用场景，针对应急响应形成可临时启动的数字化模块，强化风险预警和精准服务。横向比对各样本社区的数字化社区设计方案，提出不同类型、不同发展阶段的模式选择。结合统计分析法，对多级数据进行分类统计，形成社区生活全链条数字化平台的搭建与模拟量化检验，建立数学模型，通过指标评分和图表测评，形成定量结论。爬取地理信息形成物理环境基础数据库，通过计算机运算规则编写，在建模平台中建构即时可视的三维社区空间形态模型，模拟创建社区生活全链条数字化平台，实现信息共享和数据可视化。

数字化社区的施行面临挑战，一方面在于需要将社区既存的软硬件条件、组织结构及社区治理多主体关系等与数字化技术结合，形成多要素合一的数字化社区体系；另一方面，技术中心主义使数字化社区体现出自上而下视角，而社区居民是真正的用户，应用和需求不应错位。建构难点在于如何在城乡社区治理基本框架下打造数字化社区体系，并形成真正面向社区居民的数字化社区模式。结合多源数据和健康治理基础底座，创建数字化社区的全域智能应用场景，从而最大限度地覆盖人们的生活需求，根据不同技术发展阶段以及不同现实条件，明确数字化社区模式转换的内在机理。

6.4.3 人文导向的韧性数字化社区

数字化社区建设在我国城市中陆续开展，侧重点各有不同。从人文性和空间社会性视角出发，尤其在流行病、洪涝灾害等潜在问题威胁下，人文导向的韧性数字化社区建设具有现实意义。城市社区人口密集，身心健康是人群聚居最基本也是最重要的标准线。我们应探索城乡社区治理基本框架下人文导向的韧性数字化社区建构逻辑，使数字化社区更有社会价值。

人文学科的数字化转型催生了新的应用形式，以人文性为导向的数字化社区意味着技术与人文学术的交汇，数字工具和平台可以促进人文性发展。可通过在线论坛、数字档案和协作软件来促进思想交流，为社区提供丰富的人文资源，扩大人文空间的覆盖范围和影响力。数字平台打破了地理障碍，使社区中的个人能够便捷使用空间并参与讨论决策。

韧性社区具有化解和抵御外界的冲击、保持其主要特征和功能不受明显影响的能力。当自然或人为灾害发生时，韧性社区能够承受冲击，快速应对、恢复，保持功能正常运行，通过适应性来应对未来风险。在推进国家治理现代化背景下，大数据、人工智能、区块链等新兴数字技术涌现，韧性社区的建构方式更为多样。为满足城乡社区人文发展需求，可探索社区设计的韧性数字化发展路径。

近年，应对突发公共卫生事件的韧性研究受到关注，人文视野下的公众健康成为健康社会和健康中国建设的重要环节。马克思认为，“历史活动是群众的事业”，决定历史发展的是“行动着的群众”。人民性是社区设计和治理的核心伦理。社区作为保护公众健康的基本单元，其设计及监测评估可依托网格化管理、云服务平台等推进，向弱势群体倾斜。探索人文视野下韧性数字化社区建构模式，为当代社区建设提供了理论依据和技术支撑。

韧性数字化社区建构包含三个方面内容。一是将技术赋能与技术赋权融入数字化社区，形成具有抗风险能力和快速恢复能力的韧性数字化社区设计方案，解释不同社区发展阶段韧性数字化社区模式选择及转换的内在机理。二是搭建社区生活全链条数字化平台，使数字化社区不仅建构在数据分析基础上，更建构在以便民、惠民为目标的社区命运共同体基础上。三是形成数字化社区应用场景，形成数据-算法-服务的正向闭环，提升城乡社区人文性。

搭建社区生活全链条数字化平台是满足城乡社区公共服务需求、形成韧性数字化社区的主要内容。基于平台设计检验韧性数字化社区有效性的计量分析方法，提出韧性数字化社区策略。平台建构之初，应先分析城乡社区基础底座，对市、区、乡镇（街道）三级数据通道可提供的数据类型进行归纳和分类。归纳与社区设计相关的韧性数字化社区设施基础，包括网络设施、服务器、存储设施等，并对多级数据进行分类，形成韧性数字化社区基础库、网络库和法人库，对韧性数字化社区所需数据进行效能排序与评价。

基于群众参与的平台思维是韧性数字化社区的内核，社区居民人文性需求对全链条数字化至关重要。在平台建构的中间环节，应解析社区居民的实际需求和日常活动轨迹，在平台中予以回应。社会资本理论提出，民众参与网络构成社会善治的基础，基于人群行为和对空间的需求，进行数字化模型模拟，阐释韧性数字化社区的结构特征和工作方式。创建量化评价体系，从政务服务系统、社区感知设施和家庭终端等层面检验平台的有效性。在此基础上，对韧性数字化社区的应用场景深入分析，提炼面向人文性的韧性数字化社区建构模式。从平急层面分析韧性数字化社区的应用场景，以社区微生态优化促进都市大产业升级，及时保障正常生活需求，快速切换预案到位，针对产城人一体化和社区韧性发展提出政策建议。

数字化社区应从动态发展角度将技术赋能与技术赋权融入社区设计，形成具有抗风险能力和快速恢复能力的韧性数字化社区体系，解释不同社区发展环境和需求下，数字化社区模式选择及转换的内在机理。将韧性理念引入数字化社区建构，有利于风险预警和精准服务。从社区居民的实际需求（如健康需求、日常活动需求、信息获取需求、购物需求等）出发，使韧性数字化社区不仅建构在数据分析基础上，更建构在以便民、惠民为目标的社区命运共同体基础上。

数字化社区的建构是一项复杂的系统工程，涉及社区治理与运行的多个组织和工作层面。韧性数字化社区能有效降低突发事件对社区的影响，使单体设备、碎片拼凑式场景体验向跨场景全域智能体验进化。建设数字化社区在于提升智慧化水平，采用基于参数体系的数字建模法，编写算法逻辑下的脚本模块，模拟建构韧性数字化社区生活全链条数字化平台，对社区设计的合理性进行分析和判断，为韧性数字化社区的有效性评价提供客观依据。

将韧性理念引入数字化社区建构，探索有利于风险预警和精准服务的、面向人文性的数字化社区建构模式，方法要点在于利用基于参数体系的数字建模技术，编写算法逻辑下的脚本模块，建构韧性数字化社区生活全链条数字化平台，为数字化社区的有效性评价提供路径。方法框架包括厘清数字化社区相关的理论，对设施和多级数据源进行分类，奠定数据基础；选择样本社区实地调查，就平急时实际需求分别调研，利用数字化工具模拟搭建社区生活全链条数字化平台，并进行量化评价与检验；综合平台搭建和检验结果，明确全域智能应用场景，形成韧性数字化社区。

6.5 生态友好的城市形态

气候变暖是当今人类面临的共同问题，绿色低碳发展已成为各国的共识。城市占全球地表总面积的2%，却汇集了全世界50%以上的人口，释放了70%以上的二氧化碳，城市应是控制碳排放的主战场。根据国际能源署（IEA）等机构的数据，2023年全球能源相关的二氧化碳排放达到374亿吨，较2022年增长1.1%。全球约四分之三的温室气体排放量来源于能源消耗，尤其是化石燃料的燃烧，煤炭、石油和天然气是主要的碳排放源。随着汽车、飞机等交通工具的普及，交通部门的碳排放量也在不断增加。

为了应对气候变化，各国采取了一系列减排措施，包括发展清洁能源、提高能源利用效率、推广低碳技术等。在我国，约85%的碳排放是由城市能源消耗所产生的，高碳排放问题亟待解决。当前，我国城市产业结构升级尚未完成，未来人口和经济还会进一步向城市地区聚集，如不采取有力措施，城市的绿色转型将面临巨大挑战。

生态友好的城市形态以可持续性、环境管理和尽量减少生态影响为原则，优先考虑能源效率、资源节约和生态和谐。其塑造途径多样。例如，使用可持续利用材料和节能技术进行绿色建筑实践，城市建设融入公园、城市森林和绿色屋顶等绿色空间，城市设计结合雨水收集、透水路面和绿色基础设施等策略来管理雨水并降低洪水风险，使用太阳能电池板和风力涡轮机等可再生能源，降低总体能源消耗并减少碳足迹，采用被动式太阳能供暖和自然通风，降低能源需求并改善室内空气质量，等等。这些途径共同作用，可以减少城市热岛效应，改善空气质量和水质，促进城市景观的生物多样性。通过设计环境友好的城市空间，打造更具弹性和宜居性的城市。

生态友好型城市形态通过创建有利于可持续交通和减少长途通勤需求的城市环境，缓解了实体空间建设对环境的影响。可持续的城市倡导步行社区和高效公共交通系统的发展，减少对私家车的依赖和温室气体排放。通过整合自行车道，打造行人友好型街道和便捷的公共交通，鼓励人们采用更环保的出行方式。混合用途分区结合了住宅、商业和休闲空间，有助于缩短出行距离，促进充满活力的互联社区建设。

6.5.1 空间形态与碳排放

习近平总书记提出，中国将提高国家自主贡献力度，采取更加有力的政策和措施，二氧化碳排放力争于2030年前达到峰值，努力争取于2060年前实现碳中和。双碳目标是我国实现高质量发展的内在要求，而塑造生态友好的城市空间形态是实现双碳目标的重要途径之一，可以降低城市碳排放的影响，促进低碳经济发展。

城市碳排放和城市空间形态的研究由来已久。广义的城市碳排放是城市产业、居民生活、交通等因能源消耗产生的二氧化碳排放量的总称，狭义的城市碳排放仅包括城市生活引起的碳排放。理想的低碳城市一般实行低碳经济，形成结构优化、循环利用、节能高效的经济体系。市民以低碳生活为行为特征，政府以低碳社会为建设标本。生态优先、科学合理的城市物理格局为系统性的绿色低碳发展提供基础，既稳固提升高碳汇的绿色空间，又引导形成低碳排的城市形态。

城市空间形态研究是对城市建筑实体与公共空间根本问题的研究，也是对城市复杂形态现象的研究。空间形态与城市碳排放的关系通过中介要素产生。中介要素包含建设密度、土地混合利用程度、人口数量、碳税的征收方式等。与城市空间形态相关的碳排放主要来自交通能耗和住房建设使用能耗，从城市层面上高效节能地组织交通和建筑群体建设是低碳城市的关键指标之一。城市空间形态塑造在本质上是通过城市规划、设计和管理，影响社会人群在空间里的分布，因此，生态友好的城市空间形态也倡导低碳的生活方式和社会文化。

城市空间形态与碳排放的关联包含直接性途径和间接性途径。直接性途径与形态的紧凑程度、扩张程度和破碎程度有关。紧凑的城市形态能够减少交通通勤距离，降低交通运输过程中的碳排放。紧凑程度对城市的碳排放总量（TCE）和人均碳排放量（PCE）均有负向影响，即紧凑程度越高，碳排放量越低。功能紧凑程度（FCI）每增加 1%，TCE 和 PCE 分别减少 0.79% 和 0.34%。城市的扩张程度对碳排放有显著的正向影响。城市边界不断扩大，土地利用效率可能降低，伴随着基础设施松散和居民通勤距离增加，碳排放也会增加。破碎的、不规则的城市形态也易引起碳排放的增加，虽然并不像紧凑程度和扩张程度那样显著，但其也能通过影响城市的土地利用效率和交通模式，与碳排放量产生关联。例如，破碎的城市形态可能导致空间效率低下，而集中度高的城市则可通过设施集中等方式降低碳排放。间接性途径包含交通模式和土地利用。城市空间形态通过影响交通模式来间接影响碳排放，紧凑的城市形态有利于发展公共交通和步行、骑行等低碳出行方式，降低碳排放。相反，扩张性的城市形态导致机动车依赖度增加，增加碳排放。合理的土地利用规划可以提高土地利用效率，减少土地资源浪费，降低因土地开发而产生的碳排放。

碳排放量降低是城市迈向可持续性的标志之一，可持续性是生态友好型城市形态的核心特征。城市在发展过程中，需要可持续地利用自然资源，兼顾不同时间和空间内资源的合理配置，避免以牺牲环境为代价换取短期的经济繁荣。生态友好不是单纯追求环境优美或经济繁荣，而是兼顾社会、经济和环境的整体利益，注重经济发展与生态环境的协调，提升人们的生活品质，实现城市的全面发展。

新城市主义的兴起最初是由对生态环境的观察和思考而来，将城市系统与自然生态系统相融合，而非把城市系统放在自然生态系统的对立面（图6-7）。新城市主义者认为，城市、乡村和纯自然环境可以看作是一个包含经济、社会和生态等要素的整体，地区的成长发展应遵循自然规律，空间形态受到自然因素与环境承载能力的制约，应避免过度开发和资源浪费。

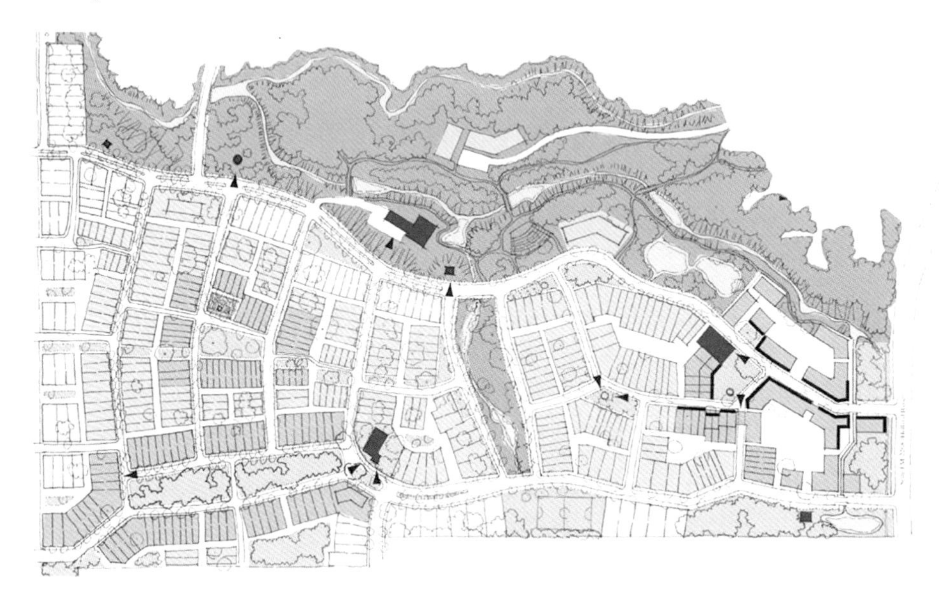

图6-7　自然-人工形态的协同发展

（萨拉多市政府）

通过对斯德哥尔摩城市人均碳排放量的分析，美国城市学者迈克尔·梅哈菲（Michael Mehaffy）发现，斯德哥尔摩的人均碳排放量仅占美国的六分之一，但人均创造的经济价值却高于美国。或许可以将这种差异归因于政府政策、能源、文化等因素，但这些因素都不足以解释碳排放量相差六倍的现象。梅哈菲认为，最能解释的变量是城市形态的巨大差异。在斯德哥尔摩，居住区形态是步行可及、混合用途且紧凑而交通便利的，与新城市主义倡导的社区形态一致，而美国绝大多数的居住区仍然采用传统的郊区发展模式，蔓延的居住形式依旧存在。

蔓延的居住形式以汽车为中心，大多数居民甚至在短途出行中也依赖汽车，年轻人、体弱者尤为如此。土地在功能上也是分隔的，家庭、工作、购物等场所的远距离设置导致人们出行次数更多、时间更长，功能之间的互动和协同作用水平更低。城市形态密度低且分散，导致驾车出行时间更长，基础设施更为松散，建筑形式更消耗能源。由此也引发了公共空间结构扩散现象，城市不再是由街道、广场和公园组成的公共空间框架，而是由私人住宅边缘和交通路网建构的。城市实际上变成了一个个家庭胶囊的集合，通过汽车连接家庭胶囊，再到工作胶囊和商业胶囊等等。

根据美国城市交通部2007年的数据，旧金山东湾的蔓延社区密度较低，产生了非常高的碳排放量，相比之下，密度较高的罗素山社区的碳排放量要低得多。建筑密度只是一方面，从两个社区的空间形态来看，旧金山东湾主要依赖汽车，土地功能分散，不适合步行，交通不便，独栋住宅形式单一。相比之下，罗素山地区土地用途多样，步行方便，结构紧凑，交通便利，有许多联排住宅和多户住宅。这些住宅的体量比旧金山东湾的小，城市设施更加集中。图6-8解释了松散的郊区化（上）和可持续城镇化（下）模式之间的区别。松散的郊区化将土地用途划分为从汽车导向的大道分支出来的不同区域，可持续城镇化有一个中心和以五分钟步行为基础的社区。新城市主义学会用该图来解释松散的郊区化和可持续的城镇化之间的差异。

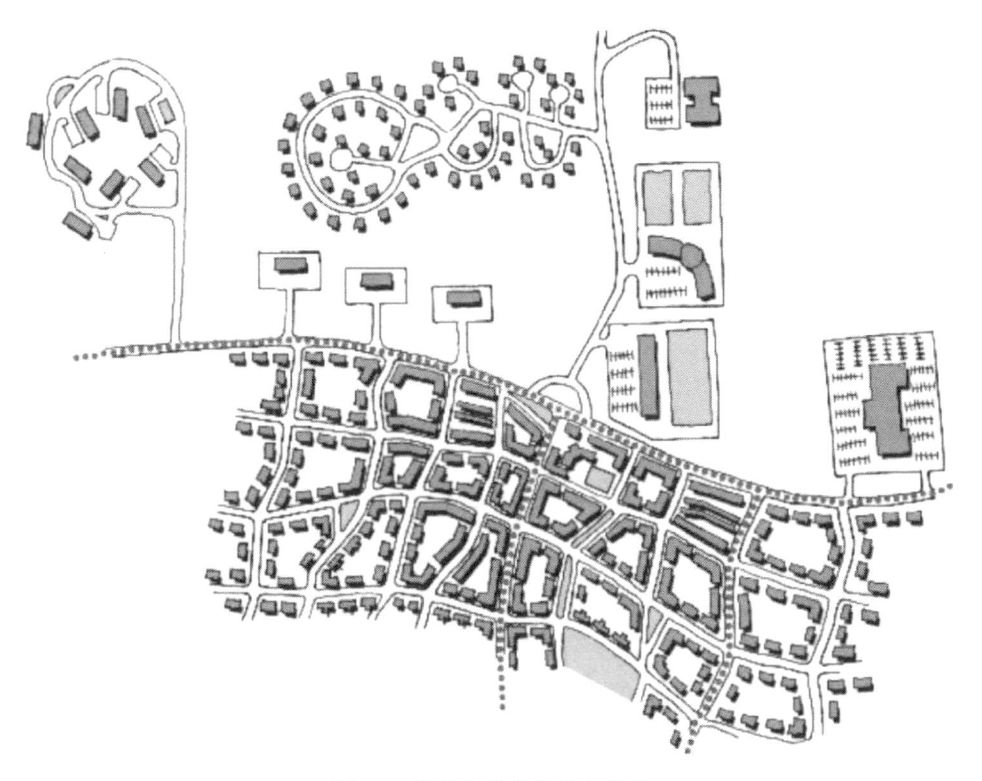

图6-8　紧凑与松散的形态差异

（普林斯建筑环境基金会）

6.5.2 碳排放关联测度

测度碳排放量有利于理性应对气候变化，实现可持续发展目标，使组织、政府和个人能够追踪其碳足迹，切实检验减排策略实施情况。碳排放量的测度，主要依靠计算各种活动释放到大气中的二氧化碳和其他温室气体的数量。碳排放量通常以二氧化碳当量表示，以解释各种气体（包括甲烷和一氧化二氮）不同的全球变暖潜能值。基本原理是将所有温室气体转换为一个共同单位，提供其对全球变暖影响的统一衡量标准。计算碳排放量涉及三个主要步骤：确定排放源、收集数据和应用适当的转换因子。

碳的直接排放量通常更容易计算，而间接排放量可能需要更复杂的数据收集和分析。直接测量为使用仪器和传感器量化特定来源的排放量。这种方法通常用于工业过程，可以实时监测排放量。例如，使用气体分析仪测量发电厂烟囱的排放量，气体分析仪直接读取二氧化碳和其他温室气体的浓度。直接测量具有高精度特点，但对于大规模或众多排放源来说，成本相对高昂。

排放因子是代表每单位活动，如燃料消耗或工业产生的平均排放量的系数。例如，汽油燃烧的排放因子可能以每升汽油燃烧的二氧化碳排放量（千克）表示。排放因子来自经验数据，由环境保护部门或联合国政府间气候变化专门委员会等发布。排放因子被广泛采用，且可供扩展，但需要准确的活动水平数据，并依赖标准化因子，这些因子可能并不能精确反映当地情况。

计算模型使用算法可通过数据模拟输入参数，包括活动数据、排放因子和环境条件等，估算排放量。工具可以是简单的电子表格，也可以是复杂的软件系统。计算模型对于估算复杂系统，例如整个城市或供应链的排放量效果较好，直接测量无法达成。但是，计算模型的准确性取决于输入数据的质量和建模过程中做出的假设。

碳生命周期评估测度是一种综合方法，可评估产品或服务从原材料提取到报废处置整个生命周期对环境的影响。生命周期评估涉及计算与产品生命周期的每个阶段相关的排放量，并将其相加以确定总碳足迹。这种方法提供了排放的整体视图，需要有关材料、工艺和能源使用的详细数据，结果可能因评估的范围和边界而异。

碳排放的测度方法多样，为了得到相对准确的结果，应确保数据的准确性和完整性，从可靠来源收集数据、验证其准确性并定期更新数据，最大限度地减少错误和差异。对于间接排放，获取有关能源消耗、运输和其他相关活动的详细信息用于准确计算。此外，还应采用标准化方法和协议，如温室气体核算体系，使不同组织和报告期之间有一致性和可比性。使用一致的计量单位和换算系数，遵循既定的数据收集和计算准则，可以提高排放数据的可靠性。 通过第三方审计或同行评审定期审查和验证排放量计算，有助于发现和纠正不准确之处，确保符合报告标准，并提高整体数据质量。

城市空间形态的塑造一直是城市设计的重点，欧美学界常用密度、分散度、聚集性等指标来衡量城市空间形态，借此判断其与碳排放的关系，这为形态与碳排放的研究奠定了数理基础。 但是，无论是城镇化过程的定性分析还是定量的计量分析，各国城市空间形态与碳排放特征都存在较大差异，结论难以简单照搬。

未来我国城市居民相关的碳排放将是碳排放组成的核心，生态友好发展有利于应对城市人口快速增长带来的挑战。 已有的形态与碳排放测度研究，多根据二维形态数据计算二者的量化关系。 但是，同一组二维数据可能对应多种空间形态，二维数据难以具体描述空间形态，也无法有效预测空间形态塑造的结果。 数字化模型中的参数关系及参数阈值设定，可用于实现形态的三维模拟。 基于数字化模型，选取与城市空间形态相关的城市碳排放类型，可分析三维的空间形态与碳排放的具体关联。

在生态文明建设背景下,绿色城镇化发展离不开低碳城市空间形态的塑造。 与常规城市空间形态相比，生态友好的城市空间形态塑造更复杂，保护与发展的矛盾更应予以解决。 单纯依靠传统人工手段难以精准测度城市空间形态对城市碳排放的影响，规避城市建设带来的高碳锁定效应风险。 数字化技术为低碳城市空间形态研究提供了新途径，如何建立科学合理的数字化模型来模拟空间形态、预测其可能引发的碳排放，并据此优化和重塑低碳城市空间形态，存在较大难度。 为了实现这一目的，可从三个向度展开分析，即城市空间形态类型及其碳排放特征、城市空间形态与城市碳排放关系的量化测度模型、低碳城市空间形态数字化战略体系。 其意义在于助力双碳目标的实现，保障未来经济发展的重要资源能源，为绿色城镇化提供科学依据和技术支持。

已有的城市碳排放测算方法包含定性与定量两类。 定性测算主要是对文献进行搜集整理，定量测算涉及环境压力等式、STIRPAT 模型、时空地理加权回归模型等。 这些方法多从时间序列数据分析各影响因素，为碳排放测算奠定了基础。 近年，欧美国家注重以指数形式对城市空间形态进行量化，据此增强与碳排放的可比性。 但是这种指数形式的分析只停留在二维数据层面。 信息时代多类型数据的涌现，为数字化技术提供了底层架构基础。 数字化技术使城市科学更具系统性，以模块化为特征，尤擅处理复杂空间边界和型构问题，提供参数控制路径，提升模型模拟效率，面向空间形态的科学布局和精细管控，可形成从数字化分析到评价的完整过程。

借助数字化手段表征城市空间形态，其实践主要集中在与建筑设计衔接的公共空间设计与塑造层面。城市碳排放测度注重以二维指数形式建立城市空间形态与碳排放的关联性，较少涉及对三维城市空间的探索。在已有研究基础上，可建构三维可视的空间形态模型，测度其可能引发的碳排放量值及分布，推进城市空间形态与城市碳排放的定量化研究。

具体路径如下。首先，基于多源数据、地理信息和形态矩阵的空间形态谱系，依据空间几何元素及元素构成关系归纳城市空间形态类型，以及不同类型城市空间形态的碳排放特征。其次，将数字化技术引入城市空间形态与城市碳排放的量化测度，选取与空间形态相关的碳排放源进行分析，建构包含多种城市空间类型的数字化空间形态基模，提炼生活源碳排放中人群行为引发碳排放的数字化算法及规则，建设源碳排放中建筑群排布引发碳排放的数字化算法及规则和移动源碳排放中交通网络引发碳排放的数字化算法及规则。最后，将上述数字化算法及规则以模块形式载入城市空间形态基模，进行参数阈值调整比对。基于数字化模型的参数阈值调整比对，得出城市空间形态对城市碳排放的影响规律。

总体来看，低碳的城市设计应遵循系统科学思维，强调各要素间的关联性，重视设计成果的科学性与可操作性。由参数和算法逻辑建立联系，依据田野调查和踏勘情况，校对地理信息，归纳城市空间形态类型，提炼对应的碳排放特征。在数字化建模平台进行城市空间形态的三维模拟，编写城市空间形态与城市碳排放相关要素的算法逻辑和运算规则，建立空间形态与碳排放的量化关系。综合模型模拟和试验结果，提炼城市空间形态对城市碳排放的影响规律，提出“双碳”目标下的城市空间形态优化策略。针对城市空间形态与城市碳排放关系难以精准测度的问题，可引入数字化技术，实现双碳目标下的城市空间形态重塑与优化。

6.6　乡村公共空间的重塑

随着我国经济社会的不断发展，乡村在城镇体系中的重要性日益凸显。党的十九大报告中提出乡村振兴将作为优先战略，成为新时代“三农”工作的总抓手。习近平总书记在党的二十大报告中强调全面推进乡村振兴，强调建设宜居宜业和美乡村。乡村公共空间作为乡村社区交往和集体记忆的物质载体，是乡村人文性规划设计的重要内容。尤其在城乡融合过渡区域，双向的人口和资源流动，使乡村公共空间的使用人群更多元，人文性需求也更复合。既要将公共空间与本地村民的生活生产需求匹配，又要使乡村在区位、产业、人才等方面融入城市发展，从而提升乡村社会活力，落实乡村振兴战略。

以北京市为例，根据2021年《北京市第七次全国人口普查公报》，北京市全域农村人口272.67万人，占全市总人口的12.5%。乡村建设与首都发展息息相关。近年，北京市深入落实执行乡村振兴战略。“十三五”时期，北京市着力发展农业科技，提高农业产量，降低农业生产成本，提高乡村居民收入；出台《强化创新驱动科技支撑北京乡村振兴行动方案（2018—2020年）》等，鼓励乡村科技创新，促进科技成果转移转化。“十四五”时期，北京市将乡村振兴的重心放在保障和改善乡村民生上，大力实施乡村建设，补足提升乡村基础设施，推动城乡基础设施一体化，将基础设施标准统一。2021年，北京市人民政府印发了《北京市“十四五”时期乡村振兴战略实施规划》，提出坚持大城市带动大京郊、大京郊服务大城市发展方略。乡村发展成为政府和社会各界关注的现实议题。

城市与乡村之间呈现复杂而动态的相互作用，反映了现代社会的多面性。历史上，城市和乡村地区被视为截然不同的空间领域，城市地区的特点是人口密集、工业活动和经济机会多，而乡村地区通常与农业、空旷空间和基础设施密度低有关。随着城镇化的扩大以及乡村地区与城市的联系越来越紧密，这种二分法的界限变得模糊。地区之间的商品、服务和人员流动，创造了连续的空间和经济景观，影响着从劳动力市场到文化交流等各个方面。

城乡关系的一个重要方面是地区间的经济相互依存。城市中心往往需要乡村地区提供食物、原材料和能源等基本资源。乡村地区受益于城市中心提供的经济机会和服务，包括市场准入、医疗保健、教育和技术进步。因此，需建立可持续和高效的系统来管理有形和无形的交流，例如，农业实践适应城市人口需求，而城市地区必须制定政策来支持乡村发展并确保乡村能公平获取资源。

无论是在工作、教育还是生活方式方面，城乡之间的人口流动都有助于文化习俗和社会规范的融合。乡村人口进入城市寻求经济机会，带来城市内的文化体验和社会习俗多样化。同时，旅游或迁往乡村的城市居民可能会带来影响乡村社区的新观点和价值观，促进城乡文化的发展。

近年，乡村旅游热兴起，城市居民有亲近自然、感受乡村风土人情的意愿，出行距离较短且参与性强的乡村旅游受到人们的欢迎。生活气息浓郁的院落、保留传统生活记忆的手工作坊、宁静的街巷空间等，既是本地村民日常生活的发生地，也是新兴的旅游目的地，甚至成为外来人口的聚集地。乡村广场、绿地、街巷等公共空间的使用对象日趋多元，社会行为、文化现象、地域特征、生活方式等多种因素交织，乡村公共空间的人文性塑造面临挑战。

从社会学视角看，公共空间是社会空间结构的重要组成部分，不仅是人们日常交往、公共活动和文化传承的物质载体，也是社会秩序、社会关系和地域归属感的重要寄托，是通过客观实体建构社会关系的场域。乡村公共空间具有多重属性：作为本地居民公共活动的重要场所，为居民提供了社会交往机会，促进邻里关系和社会网络的形成；作为公共活动的举办地，提供了民俗节庆、婚丧嫁娶等乡村社会文化传承的物质环境。乡村居民的精神文化生活在公共空间发生，形成并强化了地域观念和文化认同。

乡村公共空间是乡村景观的重要组成部分，为居民和游客提供娱乐、社交和环境效益。与城市环境不同，乡村公共空间包括野趣景观、小径和公共花园等自然要素，与周围的乡村环境密切融合。这些空间为户外活动（如远足、野餐和观察野生动物）提供了机会，增加了人们亲近自然的可能性。

保护自然景观并将其纳入公共用途，有助于提高乡村地区的生活品质，增强村民身心健康并增强社区意识。公共空间的主要功能之一是促进社会互动和社区参与。在乡村地区，村庄绿地、社区中心和当地市场等公共空间是社交活动的聚集地。这些空间为当地节日、农贸市场和其他聚集居民提供了活动场地，维护了农村社区的社会结构。与城市环境相比，农村的社交网络可能并不十分宽泛。便捷且吸引人群的公共活动空间，是培养归属感和鼓励人们参与社会活动最主要的载体。

乡村公共空间在促进环境可持续性和保护方面发挥作用。一些空间类型可作为野生动物的栖息地并保护自然资源。例如，开敞的自然保护区保护生物多样性，并为本地动植物研学提供机会。公共空间管控使用本地植物物种和实施保护战略，为乡村环境健康带来积极影响。将环境管理融入公共空间的设计和维护中，有助于实现功能使用和生态保护之间的平衡。

乡村公共空间作为社会文化的物理依托，通过特有的空间形态和人文符号，保存着乡村的历史记忆和文化传统。但是，随着乡村建设的快速发展，旅游开发过度、本地与外来人口的矛盾等问题频现，乡村公共空间难以满足复杂的功能需求和品质要求，出现使用低效、文化保护断层现象。亟须厘清面向人文性提升的乡村公共空间活化路径，优化乡村公共空间品质，探索以价值延续和当代阐释为核心的乡村公共空间塑造策略。

以北京市门头沟区龙泉镇琉璃渠村为例。琉璃渠村背靠九龙山，面临永定河，依山傍水，景色宜人。村域面积 3.5 平方千米，距市中心 26 千米。据统计，琉璃渠村目前共有 980 户，户籍人口 2000 人，常住人口 4000 人，属于特大型村庄。作为第一批列入中国传统村落名录的村落，琉璃渠村有丰富的人文底蕴与自然景观，形成了独特的历史文化三条线索：一是琉璃产业在琉璃渠村的发展沉淀；二是明清时期商道往来贸易带来的繁荣景象；三是清代以后妙峰山娘娘庙香火旺盛，带来浓郁的宗教文化印记。2008 年，琉璃渠村琉璃烧制技艺被列入第二批国家级非物质文化遗产名录。悠久的历史文化积淀使琉璃渠村具有活化公共空间、发展乡村特色旅游的可能。

根据县志记载，琉璃渠村早在辽宋时代就已经依靠优越的交通区位与土地资源，形成以交通商贸服务与农业为主的产业组团。元代起，琉璃渠村出现琉璃烧制产业的雏形，烧造琉璃制品供建设元大都之用。据《元史·百官志》记载，琉璃渠出产优质原料坩子土，有优质的煤炭资源可供烧窑，加之水陆路交通均比较便利、距皇宫较近便于监管等原因，逐渐成为分窑场。明代顺天府宛平知县沈榜的《宛署杂记》中，也有琉璃渠烧制琉璃的记录。清朝时期，琉璃渠村的琉璃技艺发展迅速，建“官管民办”的琉璃窑厂，成为北方官式琉璃烧制的代表。民国时期由于战乱，窑厂自谋生计，村庄产业陷入低谷，恢复到原始的以农业耕作为主导产业。新中国成立后，琉璃渠村窑场收归国有，恢复生产。很多重要的建筑都使用由琉璃渠村烧制的琉璃，如故宫太和殿、人民大会堂、天坛等建筑的建设和整修等。随着琉璃渠村的交通日益便捷，其主导功能由琉璃烧造转变成琉璃烧造与商贸服务产业并存。

琉璃渠村围绕公共空间进行的社会民俗活动种类繁多，如五虎少林会、水茶老会、桥道会等。清朝末期，琉璃制造业的发展陆续吸引了来自山西、山东、河北等地的工人，武林人士也随之而来。1920 年村中组织起五虎少林会，练习五虎棍并购置了服装、器械，后承担了维护乡村治安的工作。

琉璃渠村总体空间结构属典型的复合型村落，公共空间包含点状、线状、面状形态。点状空间形态为村落中的人群活动集中节点，如关帝庙、三官阁过街楼和万缘同善茶棚等主要活动节点，次要活动节点有前街、后街的古树空间及主要街、巷道交叉口和广场。依山而就的坡状道路为主要的线状公共空间，丰富了村落平面轮廓形态，构成村庄的主要骨架。以外部三面环山、一面环水的自然本底为基础，以内部广场、绿地等形成面状公共空间。点、线、面相互交叠形成琉璃渠村的公共空间系统，外接自然界面，形成公共空间的边界。

琉璃渠村地形平坦，地势西高东低，中部有较小高差起伏。街巷空间是随着村庄的发展而逐渐成形的，街巷肌理在原有的宅院、戏台、庙宇附近比较规整，呈纵横向方整格局。广场铺装主要采用水泥地砖、彩砖、青石板和水泥地，方便人们活动，主要街道的铺装为水泥地砖，部分为青石板。琉璃渠村的公共空间既有传统特征，又有现代人工化的特点，旧物质环境与新社会生活融合程度较高。

琉璃渠村现有公共空间按照功能可以分为如下类型：生活性空间，如宅前小巷、晒谷场等；生产性空间，如琉璃烧制场等；游览性空间，如村中街巷、广场等；混合性空间，即多种功能混合的公共空间。不同功能类型的公共空间现状良莠不一，游览空间的现状相对较差，部分旅游景点处于关闭的状态，且缺乏必要的维护管理。其他三类空间的现状较好，使用频率高，基本满足相应人群的使用需求。公共服务设施包括村委会、卫生所、公共卫生间等，部分设施经过了统一修缮维护，品质较好。绝大部分公共设施使用率高，但是服务辐射半径覆盖率较差，很多设施的服务半径无法覆盖村庄范围，交通动线较长，村民使用存在不便。

由于与北京城区毗邻，琉璃渠村的公共空间使用者类型呈多样化，包含本地村民、外来租户、外来游客等。其中本地村民占比72%，主要为祖辈即在此生活且延续至今，或通过联姻等搬迁至琉璃渠村的村民。外来租户占比19%，近年有逐年上升的趋势，琉璃渠村房租较为低廉，为承接北京城区—门头沟通勤的外来务工人员提供了便捷的居住地。外来游客占比9%，多为短途旅行，当天往返。

在时间地理学的语境下，人的任何活动都被称为行为，占有一定的空间和时间，因此被称为时空行为。把连续的时空行为绘制在由二维空间和一维时间组成的三维时空中，所形成的联系曲线为时空路径。一条完整的时空路径是相互联系并且不可分割的，且时空路径是有方向的，在时间方向上不可逆。通过数据分析发现，琉璃渠村中的人群整体时空行为特征如下。各类人群活动相对集中，村委会与乡村社区周边人群较多，边界性街道人群较少，广场使用率不高。南街和北街上本地居民较多，呈线状分布，主要道路交叉口人群分布密集。本地居民以步行为主，常停留的区域有旧加工厂、有运动器材的小广场、交叉路口等。人群聚集的区域为公共空间提质的潜在对象，以达到满足最多本地居民公共活动需求的目的。

本地居民和外来游客通常在沿街的商业店铺进行日常购物。在道路交叉口和道路两侧空间，本地居民常自发性地准备座椅，进行聊天或打牌等娱乐性社交活动，儿童和青少年在街巷空间奔跑或骑自行车。人群主要的行动路线比较固定，以住宅、村庄公共服务节点、村庄出入口为主要的行动节点。公共空间中的人群在傍晚时分达到一天中的最大密度，而午间人群密度最低。

外来租户在本地的社会关系单纯，本地居民为外来租户提供价格较低的房屋租赁服务。外来租户的公共空间行动轨迹主要是通勤线路，早出晚归，较少在公共空间停留休憩。租户群体以建筑工人为主，主要在附近的琉璃文创园从事建筑工作，活动空间主要集中在工地。

外来游客的行动路线复杂多样，大体上可以分为三种。一是景区游览路线，从村庄出入口开始，途径停车场、茶棚、关帝庙、琉璃厂商宅院、三官阁过街楼至停车场和村庄出入口。二是登山徒步路线，从茶棚转至登山步道、关帝庙、三官阁过街楼，后回到停车场和村庄出入口。 三是文创园游览路线，由村庄出入口至琉璃文创园，后回到停车场和村庄出入口。 无固定线路的游客一般在村内游览。 中午与下午时段游客人群密度较高。 历史文化类节点空间受到游客青睐，除关帝庙、三官阁过街楼等地，游客还会在广场的公共座椅上休息或交流。 在视野良好、展示乡村特色文化的景观墙、琉璃烧制产品附近，游客也会驻足停留，感受琉璃烧制艺术。

对不同人群的公共空间需求和满意度进行采集整理，发现人群的需求主要包含公共空间可达性、公共空间美化设计及公共空间功能复合三部分。 在公共空间可达性方面，本地居民希望公共空间离居住区越近越好，希望在家门口就能有较好的生活性活动场所，现有的公共空间虽然足够居民使用，但是距居住区较远，可达性不高。 外来游客希望村庄中能更多设置一些停车空间，外来租户希望增设公共卫生间。 在公共空间美化设计方面，游客人群关切空间塑造能凸显乡村文化特色，体现出历史文化底蕴；主要街道增设琉璃材料设计符号。 本地居民对空间设计现状普遍满意，但很多居民表示希望对屋顶进行翻新，去除杂草，统一铺装瓦片。 在公共空间功能复合方面，本地居民和外来租户等对于现有的功能比较满意，认为医疗等公共服务设施能够满足现阶段需求。 外来游客希望增加商业与娱乐设施，已有的商业与娱乐设施都集中在北街，增设商业设施方便游览和消费。

基于上述分析，将不同人群对公共空间的需求和满意度进行量化讨论，结果如下。 本地居民对体育、教育、医疗等的需求较高，对文化产业、文化旅游空间的需求较低；对现有的公共空间内可进行的活动相对满意，不满意的方面集中在停车矛盾、小型公共空间和文化产业空间。 外来游客对文化旅游、文化产业、文化活动、停车需求高，对公共空间中的文化类功能整体满意。 外来租户对停车、医疗、商业需求较高，对体育运动空间、文化活动空间和商业空间有不满意之处。

依据公共空间现状观察和社会多元人群的需求分析，可从凸显文化资源优势、弥补物质空间品质不足、公共空间有机更新三方面对琉璃渠村进行人文性的乡村公共空间塑造。

凸显文化资源优势。 琉璃渠村作为历史文化名村和传统村落，拥有独特的琉璃文化。 但是现阶段并未在公共空间中深度融合文化遗产相关内容，对琉璃文化重视程度不足，仅有的琉璃符号只体现在部分修缮过的门牌号上。 琉璃渠村作为琉璃文化的传承地，开发琉璃文化特色旅游路径，实现琉璃文化交流、研发、展示、教学与体验等多种活态传承方式，是发扬自身文化资源优势的有效路径。 建议增加琉璃文化的传播力度和渠道，让琉璃文化进一步走进公众的视野。 政府是地域文化的重要支持者，可加大扶植力度，建构琉璃人才培养机制，聘请村中非遗传承人、非遗研究学者培养传承人才。 除琉璃文化外，村内特色的古道文化、香道文化和民俗文化等也为文化推广提供了历史资源，新老村民共建共治共享，共同实现多元文化复兴。可利用自身资源禀赋，将琉璃文化融入多种形态的公共空间中。

弥补物质空间品质不足。琉璃渠村居民普遍重视公共空间的重塑和优化，乐于参与和支持公共空间提质。可通过公共空间设计，搭建文脉肌理、历史建筑、琉璃产品加工销售的桥梁，展现重点建筑、重点空间的形态与风貌。在遵循真实性和可识别性的原则下，历史建筑可采用传统与新技术结合的方式进行修缮保护，内部空间活态利用，承担新的建筑功能。例如，琉璃厂商宅院和万缘同善茶棚，可分别设计为琉璃博物馆和香道文化展示馆，改变博物馆式静态保护模式。村内具有保护价值的民居建筑以老宅为主，应严禁私搭乱建，修缮维护院落整体格局和建筑风貌，可置换为特色民宿、乡土建筑研习社、创客交流中心等功能空间。历史建筑以明珠琉璃瓦厂、古建瓦厂、外文局仓库等为代表，坚持原真性保护修缮原则，增加空间的地域性和归属感。

公共空间有机更新。乡村公共空间的活力有赖于交往空间的营造，应从功能和尺度两方面切入，在村域层面对交往空间分级布点。为满足乡村居民现代生活的需求，可置入老年活动中心、图书室、商业网点、休闲站等公共服务设施。调研发现，面向乡村居民的商业网点最容易吸引交往活动的发生。此外，应考虑琉璃渠村特有的琉璃文化，在塑造公共空间时，有机融入琉璃文化元素，结合空间家具设置文化展示空间。新建空间或建筑需与周边建筑物、道路等的尺度适配，延续村落的既有形态肌理。琉璃渠村村中部到村尾缺乏交往空间节点，可在村庄主要干道附近，靠近关帝庙、万缘同善茶棚、龙王庙等处，打造与文化遗产相结合的公共空间。在吸引人流的同时，带动公共空间活力。采取活态保护措施，使非物质文化遗产价值转变为旅游吸引力，带动琉璃传统工艺的传承与发展，实现琉璃渠村公共空间的有机更新。

霍华德认为，城市和乡村应该“结婚”，发挥各自优势共存共荣。站在今天的城市与乡村，回望百余年前的田园城市思想，霍华德的远见自有深意。城乡融合需要一种凝聚力系统，将城乡利益有机结合，降低城乡经济差距，凸显城乡地域各自的空间形态特点，促进共同富裕和可持续发展。通过加强交通联系、改善服务和资源的获取、乡村旅游等，创造经济机会，加速乡村经济增长，为城乡居民提供多样化、高质量的产品和服务，解决城市扩张和乡村人口减少的问题，支持更均衡的区域发展，鼓励城乡互动交流，加强社会联系，助力文化认同。

结　语

城市是物质与精神的汇聚地，是历史与现实交织的复杂空间，承载了厚重的人类情感，也预见着社会的未来发展。城市空间在社会生活中有着举足轻重的地位，理想城市的营造依旧任重道远。一方面，城镇化带来对经济效益和空间扩张的追逐，忽视了生活品质的提升和自然环境的保护。全球范围内的城市社会隔离现象依然存在，不同社会群体间的隔阂为城市发展带来阻力。另一方面，数字科技快速迭代，人们的社会生活方式、对世界的认知、信息化带来的人本需求的转变等，都在向人性城市设计提出挑战。因此，应从更全面的角度来审视今天的城市设计，不仅关注经济规模增长、重视民生福祉，更要助益城市社会的未来，构筑充满人文关怀的理想家园。

人文主义是意图、技术和设计理念的集合，不像功能主义那样有明确的边界。虽然二者针对的都是城市建设需求，但功能主义主要从宏观的土地资源效益着眼，规划工业、居住、商业等功能分区，建构交通网络实现各功能区的连接；人文主义主要从人尺度下的微观空间要素入手，基于人的日常空间体验反推城市设计原则。功能主义规划明确的土地利用分区，以此确定城市空间结构；人文主义通过空间形态的导控，寻求优化现有社会结构的可能。功能主义将土地利用性质作为典型说明技术；人文主义倾向于用连续的形态断面来描述，阐释多样化的视觉特征和人群行为模式。

简·雅各布斯称功能混合的人文性空间具有“有组织的复杂性”。人性城市设计提倡空间要素与行为活动契合，而非追求土地利用的高效分隔。例如，功能主义提倡利用机动车交通建立各功能区的联系，而人文主义更乐于“驯化”街道，使街道成为满足行为需求的场所。保留住宅与街道的关系，人们可以停下来聊天，儿童可以四处奔跑，步行系统串联起商店、诊所、学校和就业岗位。当街道上的交通危险、噪声和污染得到设计和实施层面的控制，街道就成了日常生活的人文性公共空间。

功能主义的高效属性易使城市空间变成商品化的交换场所和机械化的行为活动发生地，追求经济价值更胜于情感体验。人文主义则认为，亲和感和体验感比效率更重要，城市与其说是一种商业工具，不如说是人的多重体验的组合。人性城市设计应思考什么让空间具有吸引力，什么能使空间包容更多的具身体验，让人们停留、认知、感受，即凯文·林奇所说的可读的空间，空间价值是人类良好体验的副产品。对于人文主义导向的批判主要来源于对城市整体性考虑不足，仅依照人的感知体验进行渐进式设计，可能会给大尺度的城市系统运作带来问题。用人文主义者提出的渐进式设计来塑造城市空间，是一项过于复杂的任务。

功能主义是“向新的”，把城市空间中的消极痕迹夷为平地，创造全新的、与旧世界不同的未来。 人文主义是“向旧的”，提炼城市空间中的积极要素，将这些要素加以强化，把故有视为创新的来源。 如果现在的城市令人满意，那么未来不需要与现在不同，现在即是未来。 任何对消极要素的改变都应该参考现有的成功实践，从传统中吸取经验，用传统修补现在。 当今天的人们讨论城市未来，通常把新旧时代的不同放大，而忽略那些本质上始终相同的部分。

人文主义肯定人的价值、明确人的中心地位，其哲学和伦理体系成为现代文明的核心组成部分。 21 世纪的今天，有人文主义者提出，人类已经进入“后人类（posthuman）时代”。 后人类主义来源于人文主义又批判人文主义，其试图破除人的价值与能力神话，去人类中心化，建构新的世界观。 当科学技术的应用不断渗透进人们的身体与意识，人们即被信息数据所裹挟，住进自我编织的茧房，对世界的认知、社会人际关系、自身的需求都出现偏离。 后人类时代应该把人类重新拉回自然界的平面上，思考未来人类社会该何去何从。

笛卡尔认为人拥有明辨是非的理性，理性使人成为人。 后人类主义提出，人引以为傲的理性无外乎源于人为建构，是一种物种歧视。 如果科技的进步使机器同样具有强大的认知和思考能力，那么人与机器的界限就不复存在，物种歧视也将消失。 人类思维来自对外界复杂的、不可预知的刺激的反馈，地球上的其他生物无法企及，但机器，或者可能的外星物种，处理和反馈复杂信息的能力尚未可知，人的世界中心地位未必正确。

后人类时代的城市往往让人联想到科幻电影和人工智能美学，而非与自然环境相联系的场景。 但是，人工与自然环境相辅相成，在高度审美化的设计之上，后人类时代的城市问题集中在：当人类不再是世界的中心，城市如何存续?

城市设计是在以人为本的思想空间中发展起来的，本体论或人文主义都围绕着实体空间和空间使用者展开，空间中的非人要素，如自然环境，充当着人类能动性的背景和资源。 但是，人与自然的紧密联系是生命本质的体现，这种联系深刻而复杂，贯穿生存与发展之中。 自然环境直接影响人类城市建设，城市不应站在自然的对立面，而应是自然系统中的一部分。 城市及其背后的经济系统，在追求效率与增长的同时，必须审视人与自然的关系，在城市建设中恢复并强化这种联系。 后人类主义重新思考了人与环境的关系，城市的可持续性需要后人类主义予以新的定义。

在简化的技术维度，新的建筑材料能够减少对自然环境的破坏。 按照这样的“可持续性”逻辑，只要通过技术手段发明零碳材料，建筑就可以无休止地铺设，直至自然资源被破坏殆尽，而不给碳排放数据带来波动。 受人类中心论和人类例外论影响，从图纸绘制到规划监管，人类话语权贯穿整个可持续体系，完全以人为中心的可持续并非真正的可持续。 从这个意义上说，行为活动的零影响等于无穷大。

越接近可持续发展，目标就越难实现。零影响是一个人类概念，在人类中心主义之外并不存在。后人类时代，人不再是未来人居环境中的非玩家角色，而应作为“关键物种”，参与多样化的自然和人工生态系统建设。后人类时代的人类，是基于技术进步的更完善的人类。后人类时代是既缺乏人类又超越人类的时代，城市设计不应专为人类这一物种服务，而应该将人类的情感和关爱扩展到自然环境和自然物质。这与人文主义传统的内核并不相悖，而是将人文主义代入新的本体论范畴。

我们把目光转回到柯布西耶时代，城市设计实践以一种结合技术与形式的方式转向环境，城市与环境形成组合，人的个体生活在建筑，群体生活在环境。这种组合与麦克哈格“设计结合自然”相似，从对自然区域的理解开始，一致延伸到建筑单体的建造。在城市设计层面，人文主义在客观上孤立了实体空间，体现在城市整体结构与日常生活日益出现的不连贯、不匹配上。当今社会，人的个性化凸显，对群体生活淡漠，城市空间也映射出建筑与公共空间的割裂。个人与社会，应该保持怎样的距离？这种割裂形成了一种二元论，当人们把自我限制在孤立的表现上，环境对人的吸引力也随之降低。

一个充满人文性或后人文性的城市，需要关怀实体营造，也需要关怀参与和影响实体营造的人群。这种关怀是一种从现在到未来的、本体论转变的过程，是“新人文主义”。新人文主义城市的关怀在未来将不断扩大，涉及人类自身的创造实践，也涉及与人类相伴相生的自然环境，人类应像关怀自己一样关怀非人类事物。后人类时代的城市样貌，只能通过后人类城市的关怀扩展过程来描画。

参考文献

[1] Aghamolaei R, Azizi M M, Aminzadeh B, et al. A comprehensive review of outdoor thermal comfort in urban areas: effective parameters and approaches[J]. Energy & Environment, 2023, 34(6): 2204-2227.

[2] Allam Z. Cities and the digital revolution: aligning technology and humanity[M]. Berlin: Springer Nature, 2019.

[3] Bressi T W. Planning and zoning New York City: yesterday, today and tomorrow[M]. New Brunswick N J: Center for Urban Policy Research, 1993.

[4] City Planning Commission, Department of City Planning. The city of New York: zoning handboo[M]. 1961.

[5] Cortesão J, Lenzholzer S, Klok L, et al. Generating applicable urban design knowledge[J]. Journal of Urban Design, 2020, 25(3): 293-307.

[6] Day K. New urbanism and the challenges of designing for diversity[J]. Journal of Planning Education and Research, 2003, 23 (1): 83-95.

[7] Demographia. Population statistics in the world[Z]. https://www.demographia.com/.

[8] De-Shalit A, Bell D A. The spirit of cities: why the identity of a city matters in a global age[M]. Princeton: Princeton University Press, 2013.

[9] Duany A, Plater-Zyberk E, Speck J. Suburban nation: the rise of sprawl and the decline of the American dream[M]. New York: North Point Press, 2000.

[10] Duany A, Plater-Zyberk E. The neighborhood, the district, and the corridor[M]//The new urbanism: toward an architecture of community, 1994: 17-20.

[11] Duany A, Talen E. Transect planning[J]. Journal of the American Planning Association, 2002, 68(3): 245-266.

[12] Duany A. Garden cities: theory & practice of agrarian urbanism[M]. Duany Plater-Zybrek & Company: The Prince's Foundation for the Built Environment, 2011.

[13] Duany J. Blurred borders: transnational migration between the Hispanic Caribbean and the United States[M]. North Carolina: University of North Carolina Press, 2011.

[14] Garde A. New urbanism: past, present, and future[J]. Urban Planning, 2020, 5(4): 453-463.

[15] Geddes P.Cities in evolution:an introduction to the town planning movement and to the study of civics[M].London:Williams & Norgate,1915.

[16] Gehl J.Cities for people[M].Washington D C:Island Press,2010.

[17] Gomez-Agustina L,Dance S,Shield B.The effects of air temperature and humidity on the acoustic design of voice alarm systems on underground stations[J]. Applied Acoustics,2014,76(2):262-273.

[18] Hajimahmud V A,Khang A,Hahanov V.Autonomous robots for a smart city:closer to augmented humanity[M]//AI-Centric Smart City Ecosystems. Boca Raton: CRC Press,2022.

[19] Heidegger M.Being and time[M].Stambaugh J translated.New York:State University of New York Press,2010.

[20] Howard E. To-morrow: a peaceful path to real reform[M]. Cambridge :Cambridge University Press,2010.

[21] Jacobs J. The death and life of great American cities[M]. New York: Random House,1989.

[22] Koolhaas R.Delirious New York:a retroactive manifesto for Manhattan[M].Oxford: Oxford University Press,1978.

[23] Kraas F, Leggewie C, Lemke P, et al. Humanity on the move: unlocking the transformative power of cities[M]. Berlin: WBGU-German Advisory Council on Global Change,2016.

[24] Küller R, Wetterberg L. The subterranean work environment: impact on well-being and health[J].Environment International,1996,22(1):33-52.

[25] Kunstler J H. Geography of nowhere: the rise and decline of America's man-made landscape[J].Simon and Schuster,1994.

[26] Lederbogen F, Kirsch P, Haddad L, et al. City living and urban upbringing affect neural social stress processing in humans[J].Nature,2011,474(7352):498-501.

[27] Jane C,Andrew N.Theatre and performance design[M].London :Routledge,2010.

[28] Lynch K.The image of the city[M].Cambridge:MIT Press,1960.

[29] MacKaye B. The new exploration: a philosophy of regional planning[M]. Urbana-Champaign:The University of Illinois Press,1990.

[30] McHarg I L.Design with nature[M].New York:Wiley,1995.

[31] Mcneill D. Volumetric urbanism: the production and extraction of Singaporean territory[J]. Environment and Planning A: Economy and Space, 2019, 51(4):

849-868.

[32] Mumford L.The city in history:its origins, its transformations, and its prospects[J]. Journal of Aesthetics and Art Criticism,1961,67(1):5.

[33] Nelson A C. Toward a new metropolis: the opportunity to rebuild America[M]. Washington D C:Brookings Institution,2004.

[34] Nowicka E.Initial acoustic assessment of long underground enclosures for designers[J].Tunnelling and Underground Space Technology,2020,105.

[35] Parolek D G,Parolek K,Crawford P C.Form based codes:a guide for planners,urban designers, municipalities, and developers[J]. Journal of the American Planning Association,2008,75(1):91-92.

[36] Roisman J,Yardley J C.Ancient Greece from Homer to Alexander:the evidence[M]. Hoboken:Wiley-Blackwell,2011.

[37] Sassen S. The global city: New York, London, Tokyo[M]. Princeton :Princeton University Press,2013.

[38] Schnabel M A,Zhang Y Y,Aydin S,et al.Using parametric modelling in form-based code design for high-dense cities[J].Procedia Engineering,2017,180:1379-1387.

[39] Sharifi A.From garden city to eco-urbanism:the quest for sustainable neighborhood development[J].Sustainable Cities and Society,2016,20:1-16.

[40] Shelton B,Karakiewicz J,Kvan T,et al.The making of Hong Kong:from vertical to volumetric[M].London:Routledge,2010.

[41] Soja E W.Postmetropolis:critical studies of cities and regions[M].Hoboken:Wiley-Blackwell,2000.

[42] Bagiouk S,Sotiriadis D,Katsifarakis K L.Combining pocket parks with ecological rainwater management techniques in high-density urban environments[J]. Environmental Processes,2024,11(1):7.

[43] Talen E.Sense of community and neighborhood form:an assessment of the social doctrine of new urbanism[J].Urban Studies,1999,36(8):1361-1379.

[44] Talen E.The scale of urbanism[J].Urban Science,2023,7(3):87.

[45] Tonnies F,Loomis C P.Community and society[M].New York:Routledge,1999.

[46] United States Department of Health and Human Services[EB/OL].https://www.hhs.gov/.

[47] Unwin R.Town planning in practice:an introduction to the art of designing cities and suburbs[M].London:T.Fisher Unwin,1913.

[48] Van Der Hoeven F, Juchnevic K. The significance of the underground experience: selection of reference design cases from the underground public transport stations and interchanges of the European Union [J]. Tunnelling and Underground Space Technology, 2016, 55: 176-193.

[49] Vroom V H. Work and motivation[J]. John Willey & Sons, 1964.

[50] Zhang Y Y. Enhancing form-based code: a parametric approach to urban volumetric morphology in high density cities[D]. Wellington :Victoria University of Wellington, 2019.

[51] 陈碧琳，孙一民，李颖龙.中微观韧性城市形态适应性转型研究——以深圳蛇口工业区为例[J].城市发展研究，2021，28(6):101-111.

[52] 仇保兴.基于复杂适应系统理论的韧性城市设计方法及原则[J].城市发展研究，2018，25(10):1-3.

[53] 崔敏榆，庄宇，叶宇.整体健康导向的高密度建成环境设计策略[J].国际城市规划，2024，3:1-18.

[54] 丁焕峰，谭一帆，刘小勇.人文城市建设的经济价值——来自历史文化遗产活化的证据[J].城市观察，2024，2:132-145+164.

[55] 费孝通.更高层次的文化走向[J].民族艺术，1999，4:8-16.

[56] 傅崇兰，白晨曦，曹文明.中国城市发展史[M].北京：社会科学文献出版社，2009.

[57] 高国力.面向中国式现代化的新型城市高质量发展战略方向[J].城市问题，2023，1:12-14.

[58] 顾朝林.科学发展观与城市科学学科体系建设[J].规划师，2005，21(2):5-8.

[59] 洪武扬.高密度城市生态空间结构量化分析与优化——以深圳为例[D].武汉：武汉大学，2020.

[60] 解雨歌，洪婉婷，马特奥・波利，等.人因视角融入的景观认知研究进展及展望[J].风景园林，2022，29(6):63-69.

[61] 金广君.城市设计：如何在中国落地？[J].城市规划，2018，42(3):41-49.

[62] 金俊.中国紧凑城市的形态理论与空间测度[M].南京：东南大学出版社，2017.

[63] 来源，胡安妮.基于人居活动数据的城市分析——纽约市实践经验及其城市人因工程学启示[J].世界建筑，2023，7:10-15.

[64] 赖辉亮.人道主义与人文主义——学术界关于“Humanism”一词的翻译述评[J].华东师范大学学报(哲学社会科学版)，2014，46(3):36-40+153.

[65] 李德仁，姚远，邵振峰.智慧城市中的大数据[J].武汉大学学报(信息科学版)，

2014,39(6):631-640.
[66] 李若铭,塔娜.城市空间利用对外来人口城市归属感的影响——以上海为例[J].人文地理,2024,39(1):93-100+172.
[67] 李泽厚.美学四讲[M].北京: 生活·读书·新知三联书店,1989.
[68] 林华敏.从自由意志到他人权利的显现——论列维纳斯“人的权利之现象学”[J].中国现象学与哲学评论,2024,1:144-168.
[69] 凌昌隆,刘志航.高密度和紧凑发展理念下的中外城市比较与启示[J].国际城市规划,2024,39(2):1-8.
[70] 刘士林.人文城市的中国理论与实践[M].上海: 上海交通大学出版社,2023.
[71] 刘士林.未来城市的基本原理与中国经验[J].南京社会科学,2024,10:30-37.
[72] 刘思贝,贾倍思.关于以裙楼行人综合体为代表的高密度香港立体城市形态解析方法[J].世界建筑导报,2023,38(4):49-52.
[73] 龙瀛,张恩嘉.科技革命促进城市研究与实践的三个路径: 城市实验室、新城市与未来城市[J].世界建筑,2021(3):62-65+124.
[74] 龙瀛.颠覆性技术驱动下的未来人居——来自新城市科学和未来城市等视角[J].建筑学报,2020(C1):34-40.
[75] 梅因.东西方乡村社会[M].刘莉,译.北京:知识产权出版社,2016.
[76] 孟建民.本原设计[M].北京:中国建筑工业出版社,2015.
[77] 钱学森.关于建立城市学的设想[J].城市规划,1985(4):26-28.
[78] 钱学森.一个科学新领域——开放的复杂巨系统及其方法论[J].城市发展研究,2005,12(5):1-8.
[79] 强乃社.新时代中国马克思主义城市哲学的建构[J].社会科学战线,2024(8):19-31.
[80] 饶培伦,郭枝.高品质城镇空间设计的人因: 以人为中心的设计[J].世界建筑,2021(3):16-18+125.
[81] 孙羿,凌嘉勤.城市空间易行性及其对老年友好城市建设的启示:以香港为例[J].国际城市规划,2020,35(1):47-52.
[82] 赫斯维克.人本主义: 一位匠造者的世界建设指南[M].程纪莲,译.北京: 中译出版社,2024.
[83] 汪光焘,李芬,高楠楠,等.关于研究城市科学的思考[J].中国科学院院刊,2022,37(2):177-187.
[84] 王建国.城市设计[M].4 版.南京: 东南大学出版社, 2021.
[85] 王建国.中国建筑“双碳”路径的科学问题与研究建议[J].中国科学基金,

2023,37(3):353-359.

[86] 王雪,焦利民,董婷.高密度和低密度城市的蔓延特征对比——中美大城市对比分析[J].经济地理,2020,40(2):70-78+88.

[87] 王云,田大江,仇保兴.城市科学学科集群前沿问题研究[J].城市发展研究,2024,31(10):5-12.

[88] 吴恩融.高密度城市设计：实现社会与环境的可持续发展[M].叶齐茂,倪晓辉,译.北京：中国建筑工业出版社,2014.

[89] 吴屹豪,刘阳.紧凑高密度环境下的城市形态研究进展——源流演进、主流范畴与应对策略[J].新建筑,2023(5):139-145.

[90] 吴增定.神与命运:从斯宾诺莎、尼采到德勒兹的哲学轨迹[J].社会科学,2024,(11):5-26.

[91] 徐巨洲.后现代城市的趋向[J].城市规划,1996(5):10-13.

[92] 余欢.再论"Being"问题：一种对弗雷格—罗素区分理论的修正方案[J].外国哲学,2024(1):225-244.

[93] 张利,邓慧姝,梅笑寒,等.城市人因工程学导向的地下空间界面实证研究与设计决策方法初探[J].世界建筑,2021(3):19-23+126.

[94] 张利.城市人因工程学:以人为中心、以高品质空间为导向的设计干预新路径[J].科学通报,2022,67(16):1727-1728.

[95] 张钦.同情、公正与仁爱——叔本华论道德的基础[J].河北师范大学学报(哲学社会科学版),2024,47(4):54-62.

[96] 张庭伟，王兰.从 CBD 到 CAZ:城市多元经济发展的空间需求与规划[M].北京：中国建筑工业出版社，2011.

[97] 赵广英,宋聚生,朱继任.紧凑城市视角下的建成区空间形态演变特征与模式——基于中国 21 个超大特大城市的实证研究[J].城市发展研究,2023,30(7):88-97.

[98] 周飞舟,吴柳财,左雯敏,等.从工业城镇化、土地城镇化到人口城镇化:中国特色城镇化道路的社会学考察[J].社会发展研究,2018,5(1):42-64+243.

[99] 周榕.人文城市视角下街道空间场所营造效果评价[J].城市交通,2024,22(2):14-15.

[100] 祖春明.马克思主义城市理论和中国城市未来发展路径[J].马克思主义哲学,2022(6):44-53.